驾驭内心的力量

——与冲突迷茫说拜拜

刘建辉　主编

天津大学出版社
TIANJIN UNIVERSITY PRESS

图书在版编目(CIP)数据

驾驭内心的力量：与冲突迷茫说拜拜 / 刘建辉主编
. -- 天津：天津大学出版社, 2022.1

ISBN 978-7-5618-7087-7

Ⅰ. ①驾… Ⅱ. ①刘… Ⅲ. ①人格心理学－通俗读物
Ⅳ. ①B848-49

中国版本图书馆 CIP 数据核字(2021)第 254748 号

JIAYU NEIXIN DE LILIANG
——YU CHONGTU MIMANG SHUOBAIBAI

出版发行　天津大学出版社
地　　址　天津市卫津路 92 号天津大学内(邮编:300072)
电　　话　发行部:022-27403647
网　　址　www.tjupress.com.cn
印　　刷　北京盛通商印快线网络科技有限公司
经　　销　全国各地新华书店
开　　本　148 mm × 210 mm
印　　张　7.5
字　　数　156 千字
版　　次　2022 年 1 月第 1 版
印　　次　2022 年 1 月第 1 次
定　　价　45.00 元

目录

人格面具是人在成长过程中形成的一种稳定的情绪、认知、行为模式，可以通俗地理解为性格。人格由多个人格面具组成，如果将人格看作钻石，那人格面具就像钻石的切面。正如一颗钻石的切面越多其越是璀璨，人格面具的丰富多样是人格完善、心理健康的标志。

我们每个人都有敏感的一面。当敏感的一面无法被照顾到时，我们就会变得脆弱；当敏感的一面被忽略时，我们就会变得麻木。如果我们排斥脆弱，错把麻木当作坚强，就会离真实的自己越来越远；如果我们敏感的一面受到关怀和照顾，我们的心灵便会变得灵动。此时我们会获得真正的幸福感，并拥有欣赏美的能力。

我们每个人都有愤怒的一面，任由愤怒失控会让我们的兽性失控，但矫枉过正将愤怒视为野兽并避而远之，也会让一个人失去个性和能力，无法从中获取力量。我们只有正视愤怒，驾驭愤怒，才能获取守护和进取的力量，变得强大并有能力追寻世界的真相。

我们每个人都有求生的本能，这是我们内在积极性的源头。与求生本能断开连接会让我们陷入绝望，但求生本能泛滥亦会导致无尽的欲望和焦虑。我们只有从内在的求生本能中酝酿出对这个世界的温柔慈悲，才能积极地面对人生，懂得善的真谛。

在细致地了解敏感的我（受害者面具）、愤怒的我（迫害者面具）、求生的我（拯救者面具）的内在本质与外在表现之后，接下来要综合这些概念，系统地认识自己，探索属于自己的人生智慧。

序

“人格面具”（Persona）一词最早由荣格提出，意指一个人为了适应环境而发展出来的、与环境相适应的行为模式。每个人都有很多人格面具，人在不同的场合、面对不同的人、进行不同的活动、扮演不同的角色时使用不同的人格面具。一个人合理地使用人格面具会让其社会生活变得和谐有序，这也是心理健康的标志。心理障碍就是错误地使用了人格面具的结果，或是某些人格面具不受我们的意志控制，表现为外在生活和内在心灵的失调。人格面具心理治疗就是帮助个体驾驭内在的人格面具，合理地使用自己内心的力量。

戏剧三角（即受害者、迫害者、拯救者）的概念是卡普曼于1968年提出的。戏剧三角的概念广泛存在，也出现在我们内在的心理活动中。受害者、迫害者、拯救者不只是三种角色，还是三种人格面具。每个人的内心中都有受害者面具、迫害者面具、拯救者面具。三者的强弱程度和排列方式决定一个人的性格。有些人的受害者面具和迫害者面具比较强，一般多见于孩子，这些人的拯救者面具就会比较弱，外在表现是情绪波动大，需要依赖父母和他人；有些人的迫害者面具和拯救者面具比较强，一般多见于男性，这些人的受害者面具就会比较弱，外在表现是积极阳刚，有时也会不近人情甚至有些冷漠；有些人的拯救者面具和受害者面具比较强，一般多见于女性，这些人的迫害者面具就会比较弱，外在表现是温柔敏感，但缺乏果断和魄力。

可以把人格想象成俄罗斯套娃，它是由受害者面具、迫害者面具、拯救者面具按一定顺序一个套一个构成的。不同的人在不同的时刻，三者的排列方式是不同的。当处于受害者的状态，受害者面具在外，迫害者面具和拯救者面具在内；当处于迫害者的状态，迫害者面具在外，拯救者面具和受害者面具在内；当处于拯救者的状态，拯救者面具在外，受害者面具和迫害者面具在内。

本书把戏剧三角和人格面具相结合，用来解释各种心理现象，妙趣横生，通俗易懂。该书共分四篇，前三篇分别介绍受害者面具、迫害者面具、拯救者面具的形成和表现，第四篇介绍了如何认识和驾驭自己的受害者面具、迫害者面具、拯救者面具，维护和促进心理健康。相信该书对专业人士和心理学爱好者都会大有启发。

2014 年，我应邀给温州瑞安市的心理咨询师做督导。由于我创立了人格面具理论技术，主办方就征集了一个以人格面具为主题的案例，该案例的报告者就是建辉。建辉没读过我的书，也没听过我的课，但他对我的理论体系了如指掌，如数家珍，后来得知他系统地学过分析心理学和沙盘游戏。从那以后，他又系统地参加了人格面具初级班、中级班（分析师班）、高级班（体验师班）、培训师班和督导师班，现在已经是最年轻的人格面具督导师。

看了书稿我非常欣喜，体会到什么叫作后生可畏。我在他这个年龄虽然已经开始关注人格面具，但还没理出头绪，在实际工作中严格遵循精神分析的方法，不敢掺入自己的想法。那时候我的正式身份是神经科医生，每个星期只有半天的心理门诊，只能接待三个来访者。

建辉请我作序，我很想好好地夸夸这本书，但又怕夸过头了，还是请读者自己鉴赏吧。

黄国胜

2021 年 2 月 5 日

导论

1 TA人际关系与戏剧三角

1964年，艾瑞克·伯恩（Eric Berne）出版了畅销书*Games People Play*（《人间游戏》，最早由中国轻工业出版社于2006年出版），自此沟通分析学派在美国有了知名度。沟通分析（Transactional Analysis，TA）是一种人格理论，通过解读人的三种自我状态——父母自我（Parents）、成人自我（Adult）、儿童自我（Child），分析人的内心世界。伯恩用游戏（Game）来描述一个模式化的、可以预见的沟通系列，并建立了理论模型。

史蒂夫·卡普曼延伸了伯恩有关游戏角色的研究，于1968年出版了*A Game Free Life*（《人间无游戏》，由世界图书出版公司于2017年出版），提出了戏剧三角的概念，即受害者（Victim）、迫害者（Persecuter）、拯救者（Rescuer）。在每一个游戏（Game）中，人们都会扮演某个角色，并随着沟通的延续，转换彼此的角色或是引入第三个角色，从而形成相互作用的戏剧三角。

在很多时候，我们并不知道自己在扮演某个角色，容易迷失自我而陷入角色之中。有的人受困于受害者角色，总是郁郁寡欢，自怨自艾；有的人受困于迫害者角色，容易情绪失控，变得暴力；有的人受困于拯救者角色，同情心泛滥，什么事都管。我们不是在玩游戏，而是被游戏戏弄。当我们被游戏角色所控，那么我们就会觉得自己失控了，并表现出各种心理问题，如抑郁、焦虑、躁狂、自卑、社交恐惧、人际界限不清等。

不同的角色使我们有不一样的表现，让我们的人际关系变得难以捉摸。在争吵中，我们互为彼此的迫害者，张牙舞爪；也互为彼此的受害者，伤心欲绝；对彼此抱有期待，希望对方是自己的拯救者，却总会落空。在人际关系里，好像我们总会重复类似的模式，总是容易互相伤害，越来越不敢抱有期待。

我们要做的就是识别这些沟通中的游戏，不被角色控制，灵活地使用内心的力量，成为理想中的自己。

2 人格与人格面具

2.1 定义

人格面具（Persona）最早是由瑞士心理学家荣格提出的概念，荣格认为它是为了应对社会关系而形成的社会角色，处于人格的表层，而不是真我的一部分。心理学家、精神科医生黄国胜拓展了荣格的人格面具概念，在整合的基础上结合自己的实践，自创了人格面具理论（黄国胜，2016，《隐藏的人格》）：人格面具是在社会化的过程中形成的，每个人格面具都包含独立的动机、情绪、认知、行为模式，是一个独立的“我”。

随着现今社会的高速发展，每个人都要面临大量不同的场合，从而形成不同的人格面具。在不同的社交场合中，人们会表现出不同的形象，也就是戴上不同的人格面具。人格面具并不只有一个，而人格是所有人格面具的总和。能够灵活多变地使用人格面具是心理功能丰富、健康的标志，而心理障碍便是因为人格面具的缺失、错用、冲突等造成的。

我们很容易处于这样的情境：道理我都懂，但是我做不到！从小到大，父母、长辈、老师、朋友、社会文化、书籍、电影甚至是陌生人，都会给予我们很多人生经验和建议。这些经验和建议听起来都非常正确，不少时候也的确能给我们的生活提供很直接的帮助，但多数时候我们总是达不到这些建议期望的效果，因为我们没有认识到自己当时在使用哪一种人格面具。例如，一个自卑的人处于一个自卑者面具之中，这个人格面具带给他强烈的恐惧感和畏惧感；此时他将他人都想象成恶毒的人，而这些人随时都会无情地嘲笑他，尽管他知道事实并非如此。此时我们可以告诉他，不要把别人想得那么糟糕，没有人会那么恶毒，你也没有那么差劲，但是这些安慰其实很难起作用，因为他处于一个自卑者面具之中，并受其控制。我们往往有一个思维定式，认为“我”是整合统一的，因此当自己感受到自卑时就认为“我”是自卑的，感受到幸福时就认为“我”是没有负面情绪的。事实上，“我”是一个集合，其中有各种各样的“性格”，即人格面具。因此，我们要做的便是帮助他识别当下的状态，并切换到更合适的人格面具中，那么他的思维模式和情绪状态便会与之前完全不一样。

2.2 心理能量

弗洛伊德借鉴了物理学的能量守恒定律来解释心理现象，其中心理能量指人格的动力。心理能量受内部的躯体刺激（如饥饿感、性唤起、冷热等）和外在环境刺激（人际关系、社会规范等）激发。心理能量强意味着动力十足，我们更容易去付诸行动；反之心理能量弱则意味着暂时没有动力。

每个人本质上拥有的人格面具都是相同的，虽然我们的成长背景、人生经历不同，但我们仍然能够彼此理解。我们都会遭受不公正的对待，虽然具体事件不同，但内在被激发的受害者面具是相同的。我们也都会积极进取，虽然每个人目标不同，但是内心中使用的拯救者面具是共通的。

虽然我们每个人所拥有的人格面具是相同的，但每个人内心中的人格面具在不同时刻的能量是有强弱之分的。例如，张三在成长过程中总是被否定和指责，他内在的受害者面具由于不断受刺激并被强化而累积了很强的能量，我们称张三拥有一个很强的受害者面具。强大的能量需要释放，而释放的途径就是人格面具的表达。哪怕此时此刻没有人否认张三，但是张三的受害者面具还是会不由自主地呈现出来，别人一句话、一个眼神就会让张三很紧张，哪怕独处时他还是会表现出焦虑不安的情绪，深感自卑和压抑。

张三的内在体验是一种失控感，他也希望自己可以自信满满，不去在意他人的想法，但是他就是做不到。累积能量的受害者面具此时在“使用”张三去释放能量，张三被自己的人格面具“控制”了。

如果我们允许受害者面具表达，那么它就会随着能量释放最终回归平静。这个过程的外在表现是张三一个人躲起来，在痛苦了一段时间后，突然“想通了”，觉得其实自己也没那么糟糕，没必要总是觉得别人会针对自己。但更多时候，张三的选择是不断地劝诫自己“一定要自信，没必要自卑”，这种做法导致受害者面具被压抑，难以表达和宣泄能量；或是自怨自艾，自我厌弃，认为自己“真是个废物”，这种自我攻击的做法会使得受害者面具被强化，反而使张三愈发痛苦和焦虑。此时，虽然张三表面上是在情不自禁地哭泣，但是他的受害者面具其实并没有得到释放和宣泄，反而在累积能量，为下一次爆发做着准备。

所谓心理障碍就是某个人格面具能量太强导致其不由自主地表达，从而使个体的自我感觉失控，言行与现实环境和自我预期脱节。克服心理障碍的办法就是寻找合适的途径宣泄那些额外的心理能量。但往往心理障碍使我们形成一种观念：这个失控的人格面具是“坏”的，给我的生活造成了很多困扰。因此，大众愈发排斥和否定心理能量宣泄，从而导致心理能量不断累积，并导致不断失控。

相信很多读者都有这样的体验，当我们很伤心时，我们放肆地哭一场，哭完心情也就平静了。但是如果我们一直压抑，告诉自己坚强，虽然短时间内我们的感受不会变得太糟糕，但时间一长，那份痛苦便逐渐进入我们心灵的禁区，变成一个容易被小事情引爆的“不定时炸弹”。

2.3 存在状态

人格面具一共有三种存在状态：压抑、驾驭、失控。

失控便是心理能量过强的人格面具脱离了个体控制而自主表达，此时是人格面具在“控制”我们，而不是我们在使用人格面具。失控一方面是因为平时情绪的累积，另一方面是因为创伤。创伤可以瞬间为人格面具聚集大量的心理能量，让其瞬间失控。这里的创伤更多的是广义上的心灵创伤，而不是现实层面上的创伤。也许对于张三而言，破产也算不上创伤；但对于李四而言，可能丢了 50 块钱就是巨大的创伤。

压抑与失控互为因果。失控导致的糟糕后果让大众对这一人格面具充满排斥和否定，压抑就成了最好的选择。我们认为愤怒是一种负面的情绪，认为多数时候用愤怒去解决问题只会让结果更糟糕。因此，我们在生活中习惯去压抑愤怒，而压抑愤怒便会导致情绪累积，最终在某些不重要的小事上失控爆发。压抑是一个累积心理能量的过程，为之后的失控埋下伏笔。

人格面具失控意味着该面具处于主导地位，决定人的外在表现；人格面具受压抑则意味着该面具处于缺席状态，没有发挥作用。而驾驭意味着我们可以随心所欲地使用我们的人格面具。不管是压抑还是失控，其实我们都在被控制和逃避之间徘徊。我们因为害怕愤怒而压抑愤怒，却失去了使用愤怒的能力。因为缺乏使用愤怒的能力，我们表现出的老好人性格在他人眼中是疲软无力的，没有力量去捍卫自己的边界和权益。“老好人”最终忍无可忍并在某件小事上情绪彻底失控，认为他人完全不在乎其感受，并与他人大吵一架。逃避愤怒的最终结果却是失控愤怒。

随着年龄增长，阅历丰富，不同的发展阶段、气质类型、成长背景、社会文化都影响了我们对内在人格面具的态度和使用习惯，每个人都发展出独一无二的外在表现模式。没有两片树叶是相同的，但是每片树叶在本质上又是相同的。心灵成长的最终目标就是发现人格面具的规律，驾驭自己内心的人格面具，使用自己内心的力量，而不是被内心的力量所驱使。

3 本书概要

本书结合了史蒂夫·卡普曼提出的戏剧三角理论和黄国胜提出的人格面具理论，以受害者面具、迫害者面具、拯救者面具为核心概念，建立理论模型去解释人的心理活动。

每个人的内心都包含这三种人格面具，每种人格面具的状态都会决定我们一部分的人格状态（表 1-1）。本书对每种人格面具的存在状态都用了更通俗的概念（XX 的我）来帮助读者理解。为了帮助读者去理解这三个全新的概念，本书不得不在前三篇单独将它们拆开来去详细介绍，从情绪、自我、原生家庭、人际关系、工作和学习、调节方式 6 个维度详细介绍三种面具的三种不同状态都有哪些特征，以及如何去调节。由于将概念割裂去叙述，难免会将复杂的人性描述得过于刻板和单一，希望读者在阅读时能保持耐心并进行独立思考；在第四篇，本书将这三种人格面具整合，从系统完整的角度去阐述如何认识和调节自我。

表 1–1　人格面具存在状态的通俗表述

人格面具 存在状态	受害者面具 (敏感的我)	迫害者面具 (愤怒的我)	拯救者面具 (求生的我)
失控	脆弱的我	野蛮的我	焦虑的我
压抑	麻木的我	软弱的我	绝望的我
驾驭	灵动的我	强大的我	慈悲的我

简易自评：人格面具心理自评

这是一份简易的心理测试，可以帮助读者简单地了解自己内心中人格面具的状态。一共 10 道题，每道题都会有 A、B、C 三个选项，从中挑选出更符合你现实状态的选项。

题号	题目	选项
1	多数时间你的心情是 A. 多愁善感　B. 坚定有力　C. 积极喜悦	
2	面对压力时，你更容易表现为 A. 烦恼和心累　B. 兴奋，热血沸腾　C. 自我安慰，认为克服困难有助于进步	
3	出去旅游，你多数时候表现为 A. 跟随朋友，听从安排　B. 领导者，给每个人都分工 C. 与他人积极探讨计划	
4	与朋友意见不合时，你总是表现为 A. 害怕争吵，逃避问题　B. 一定跟朋友争论到底 C. 换位思考，包容朋友的立场	
5	面对失败时，你更容易表现为 A. 逃避问题和情绪　B. 自我责备，不许自己找借口 C. 自我鼓励，肯定自己的努力	
6	你的娱乐方式是 A. 玩游戏，看剧集、短视频　B. 运动　C. 阅读、培养才艺、投入兴趣爱好	
7	如果穿越到奇幻世界，你会成为 A. 强大巫师（远程消耗）　B. 铁血战士（近身肉搏） C. 神圣牧师（加血辅助）	
8	家会让你联想到 A. 心灵的避风港　B. 齐心协力，并肩作战 C. 分享快乐和幸福	
9	当你的父母误会你时，你会 A. 感到委屈，认为不被理解　B. 反驳，大吵一架 C. 理解父母，耐心倾听安抚	
10	你喜欢的生活是 A. 平平淡淡、简简单单　B. 扬善除恶，快意恩仇 C. 悬壶济世、传递希望	

结果解析

A 选项对应的人格面具是受害者面具，B 选项对应的人格面具是迫害者面具，C 选项对应的人格面具是拯救者面具。读者可以统计自己每个选项的数量，出现最多的选项代表你的驾驭人格面具，出现最少的选项代表你的压抑人格面具。

这些人格面具对应的状态意味着什么？如何去调整？读者到本书后续的内容中慢慢去寻找答案吧。

第一篇 敏感的我

1 概述：受害者面具

1.1 基本概念

受害者面具，顾名思义是我们经历创伤、体验痛苦时被激发的人格面具。同样一件事，可以让张三崩溃，对李四而言却可能无关痛痒、不值一提。从人格面具的角度去剖析他们的心理状态：这件事情激发了张三的受害者面具，却没有触动李四的受害者面具。由于文化背景、成长环境、心理发展水平、价值观念等各种因素存在差异，对待同一件事我们会有不一样的感受和看法。虽然这件事没有触动李四的受害者面具，但并不意味着李四内心没有这一成分，李四的受害者面具可能会被另一件事所触动。受害者面具是我们每个人都具备的心理功能，只是触发的条件和表现各不相同。

用更通俗的概念来形容受害者面具叫作“敏感的我”。我们之所以感受到痛苦是因为我们的内心存在敏感性。心爱的玩具丢失、做错事情被责罚、与好朋友分离、被他人误会……在这些时候我们会陷入痛苦和无助，难以自拔。随着时间的流逝，这些事情不再使我们感受到同样强烈的痛苦，因为我们变得不再敏感。这种改变一部分是主动的，因为个人的发展使我们的注意力开始向其他更重要的事物转移，同时我们也变得更成熟和理性，懂得自我安慰；另一部分是被动的，因为在现实生活中我们不断接受类似的刺激和痛苦，感受痛苦的阈值提升，就好像锻炼肌肉会让肌肉变强，我们的心灵也在不断的刺激中变得坚强。

笔者相信极少有人是喜欢体验痛苦的，多数人都希望自己远离痛苦，过得幸福快乐。我们感受到的痛苦的强烈程度取决于我们的敏感性。为了降低我们体验到的痛苦的强烈程度，我们会本能地采取两种方式：通过改变外在环境以保护自己，如赚钱、提升社会阶层、占据更多的社会资源等；或是通过改变内在的精神世界以提升自己的承受能力，如降低敏感性、培养好的品质、追求精神层次的提升等。

安抚内在的受害者面具是我们成长的原动力，而不合理的应对方式会导致出现各种各样的心理障碍。受害者面具失控意味着敏感性被放大，我们极度容易受到刺激，容易陷入脆弱和痛苦的泥潭而难以自拔；受害者面具被压抑意味着我们的敏感性被压抑，感知能力受损，变得迟钝而麻木。

1.2 进化学的视角

情绪是人与环境交换信息的信号，指导着人们的行为。我们遇到危险（如在森林中遇到老虎）时会感到恐惧，当逃跑的念头还没出现在大脑中，可能身体就会在第一时间产生逃跑的行动。情绪直接越过大脑指导身体做出反应，这节省下来的微不足道的思考时间对于我们的生存却至关重要。在漫长的繁衍过程中，保持对情绪的敏感性并快速做出反应，对我们的生存至关重要。

这种敏感性反应在受到创伤后变得尤为激烈，“一朝被蛇咬，十年怕井绳”指的就是这样的本能。强烈的恐惧感帮助我们远离危险。相比较于死亡，这些情绪造成的负面感受微不足道。因此，我们的身体会一直被恐惧所提醒：远离那些危险的事物！

只是到了如今的时代，这种对情绪快速做出反应的本能似乎并不能很好地帮助我们适应环境了。我们受控于恐惧，不敢交朋友或接触外界环境；我们受控于愤怒，解决问题时总是容易诉诸暴力；我们受控于悲伤，朋友、爱人、亲人的离去让我们失去了对生活的期待……情绪在我们的现实和理想的生活状态之间形成了一条难以逾越的鸿沟。

很多人希望自己不要对情绪那么敏感，甚至干脆不希望有情绪，不要恐惧、不要悲伤、不要愤怒、不要自卑、不要嫉妒……因为他们害怕这些强烈的情绪会导致自己的状态脱离自己的控制。虽然这样听起来很省事儿，但是这是不可能的。人类数千年的文明与几十万年的进化本能相比实在是谈不上有什么优势，我们只能在尊重客观规律的前提下去调节自己的情绪，而难以摈弃或者改变情绪的本质。

与此同时，读者可以思考一下，如果你感受不到情绪了，或者说对情绪不再敏感，你的生活会发生什么变化吗？以恐惧为例，当感受不到恐惧了，你可能出现如下行为：当交警例行公事让你停车接受检查，被耽搁时间的你可能会袭警；当有陌生人拿着武器向你冲过来，你却慢吞吞懒得应对，只管走自己的路；当你被要求完成公司一个重要的项目，你却把时间都用在晒太阳、赏风景、睡懒觉上；当你的领导和同事对你不满意，你却满不在乎，我行我素……

当我们对情绪不够敏感甚至感受不到情绪时，我们才会陷入真正的灾难。情绪帮助我们觉察生活中发生的各种事情，并做出应对行为。

1.3 社会学的视角

对情绪的敏感性过高往往意味着多愁善感。一个多愁善感的人更容易感受到负面情绪并沉浸其中。

从社会性别角色的角度去看，多愁善感更多地被用来形容女性气质，而男性气质应该是阳刚坚毅。我们都知道这是一种刻板印象，抑制了人性格的全面发展。但我们又生活在这样的评价系统之中，一个男孩子如果表现出多愁善感，他会被同伴嘲笑“不够爷们儿”，缺乏男子气概。这种嘲笑不仅仅来自男性，也来自女性，很多女性也会觉得这样的男人不可靠、太幼稚。不管是男性还是女性，对于多愁善感这一性格不管是出现在自己身上还是他人身上，都是极度排斥的。

从刻板印象的角度去看，我们可以理解为什么男人多愁善感的特质会被压抑，但是为何女人会否定自身多愁善感的特质呢？因为在如今的社会，一个人多愁善感会让人联想到情绪化、幼稚、不成熟、脆弱、无能、弱小……这些特质意味着这个人在职场上是不可靠的，不是一个合格可靠的社会人。笔者的很多来访者都对自身过高的敏感性深恶痛绝，他们觉得多愁善感是一种性格上的缺陷，希望通过心理咨询修正自己。这种自我评价源自社会主流价值观对每个人的驯化和渗透，社会更希望我们能表现出一种坚强的、有野心的、不被打倒的、积极乐观的情绪状态，把自己的受害者面具从精神世界中剔除。由于对自身的心灵世界抱着错误的认识和价值观，这些敏感性过高的人往往就会形成“心理障碍”。

1.4　我们对成熟的误会

笔者总是能听到这样的评价：“那些患抑郁症、心理有问题的人，就是太闲了，只要忙起来哪有工夫去抑郁”。主流声音更倾向于认定：抑郁症患者的心理障碍就是闲出来的，俗称“矫情”；克服心理障碍的方法就在于人要积极工作，多交朋友，让自己充实起来。　听起来这些观点非常正确，他们也是按照这样的方法去帮助身边存在心理障碍的抑郁症患者的。但这些看似正确的观点却极少能让患者的状态有所改善，最终他们也只能留下这样一句话：“我们能做的都已经做了，患者自暴自弃，我们也没有办法”。这其中存在的关键问题是我们并不是在帮助抑郁症患者去安抚内在的受害者面具，而是在要求抑郁症患者去压抑甚至消灭它。抑郁症患者感受到的更多的是否定而不是接纳，于是他们的情绪压力反而更大了。

中华人民共和国建立后用几十年的时间赶上了发达国家几百年的发展历程，从一无所有到如今现代强大的社会主义国家，只用了 70 多年。经历了那些艰苦岁月的人们出生于布满创伤的年代，用尽全力去反抗当时世界附加于他们身上的受害者的命运，奉献了自己所有的热情和精力才有了我们现如今的繁华社会。他们一直在奋斗，鲜有喘息的机会去关怀那个敏感的自己，他们选择直接忽视和压抑内在的受害者面具。艰苦时期的社会主题是："活下来。"他们的坚强带着铁与血的味道，与温柔没有半点儿关系。

随着社会经济的发展、物质的充足，我们开始更趋向于满足精神层面的需要。因而现如今的新一代年轻人，在他们出生时，社会的主题是："活得好。"活得好，意味着人们开始去关注内在的个人体验，在乎自己的喜怒哀乐，追求个人的幸福和生活的意义。那个"敏感的我"不再被一味地被压抑，而是更多地成为生活的焦点。可是没有人可以教导这些年轻人如何去关爱内在的受害者面具，他们的长辈——来自"活下去"时代的人会告诉他们：你这就是矫情！其实为家国奉献一生的长辈们也不知道如何让自己活得好，他们更习惯牺牲小我成就大我，而追求"活得好"的新一代年轻人，在他们身上找不到为什么压抑"敏感的我”的答案。

我国是一个幅员辽阔的国家，“地大物博”是我们的骄傲，但自然资源分布不均衡以及开发建设程度的不同导致我国各地区的经济发展并不均衡不均衡。而区域经济发展不平衡，导致各地区在经济、科技、教育、观念等方面可能存在着较大的差别。在我国一些地区的少数人群中，激进的强者文化依然占据着重要的地位，“胜者为王”“棍棒底下出孝子”“慈母多败儿”“流血不流泪”“别低头皇冠会掉”等思想仍然有大量拥趸。持有这种思想的人视内心脆弱的部分为成长路上最大的阻碍，苦口婆心地用各种典故、事例、名言警句来告诫所有人：要坚强、要坚强、要坚强！社会上的很多人对人内在的受害者面具更多持否定态度，我们也因而排斥它，拒绝接受它的存在。大众对成熟的定义就是不再诉苦、不再抱怨、坚强乐观、积极向上等。这些听起来非常积极励志的标准在执行过程中却并不像我们想象中那么简单，很多人会将其粗暴地理解为“没有受害者面具”。

在我们受伤害后，我们还没来得及体验痛苦，就开始逼迫自己坚强起来。我们不允许自己的受害者面具出现，将其定义为弱小、无助、幼稚。我们更喜欢自己抬头挺胸、斗志昂扬的样子，而不是伤心落泪。有不少人说自己在至亲去世时，好像没办法哭出来，甚至没有特别伤感。这既有大脑的自我保护机制的原因，也有我们文化基因的原因。这已经是成年人社会日常生活的潜规则：如果你表现出脆弱的自我，那你就会被怀疑是否是一个合格的社会人，这对男性而言尤其属于禁忌。于是受害者面具成了心灵领域的禁忌，不允许被讨论，不允许被表达，不允许被接纳。

我们当下的年轻人在心灵上重复了老一代人的历程，长辈们在教训我们的时候肯定会说，他们自己当时也是这样过来的。只是这个历程不再适合当下的社会，因此我们会看到存在心理障碍的群体越来越低龄化。从积极的一面去看待，因为我们社会进步、丰衣足食，我们才有机会去关注自己。只有我们开始真正关心自己的感受，我们才会因为各种挫折而体验到抑郁。能体会到抑郁是我们真正获得幸福的第一步。

1.5 消费主义的陷阱

消费主义市场敏感地抓住了人们安抚内在的受害者面具的需求，“为你花钱的男人不一定爱你，但不爱你的男人一定不为你花钱”，这类标语实际上是在对我们内在的敏感性进行讨好，同时也通过暗示强化了我们的受害者面具：“你是脆弱的，你可以向爱你的人索要安全感，这天经地义；女（男）性必须有一个 XX 系列，如‘爱她（他）就送 XX 系列’‘节日必送 XX 系列’……”

消费主义用鼓励消费的方式教导我们去安抚内在的受害者面具：“买就对了，快乐就对了！”事实上这是一个治标不治本的方法，只能暂时缓解痛苦和忧愁。的确，消费会让我们体会到掌控感、安全感、满足感，但是这些感觉是转瞬即逝的，获取一件物品的快乐不会持续多久，而人的敏感性是永恒的，受害者面具会因为现实的压力一直存在。因而我们就需要不断地消费去满足内在的受害者面具，这也就是消费主义最想看到的状况：我们不断消费，去满足自己永远无法满足的欲望，填补自己永远填补不满的空虚。

2 失去控制的后果：脆弱的我

2.1 情绪

2.1.1 情绪状态

我们将受害者面具失控的人简称为“受害者”，此时受害者的自我状态是“脆弱的我”。这些人总是担心会有不好的事情发生，对负面情绪更为敏感，其头脑中会有一种莫名其妙的灾难感，遇到任何事情总控制不住往最坏的方面想，并伴随着产生强烈的退缩逃避的冲动。

过分敏感会导致强烈的恐惧感，这些受害者会对所有的小细节过敏，时时刻刻害怕被人针对，总是担心自己会得病、会死……这些恐慌由一些现实事件引发，但是这些恐慌情绪的特点是情绪的表现强度与当时的环境脱节。被人瞥了一眼，最近事情不是很顺利，最近身体不太舒服，这些事情可能会让人产生烦恼，但这些烦恼对于多数人而言可以在自我安慰和开解后释怀；但是对于受害者，这些烦恼往往会牵动他们很多痛苦的体验。

受害者面具被激发，在身体层面表现为注意力难以集中，全身疲软无力，经常有一种心有余而力不足的感觉。长期的负面、消极的情绪往往会导致一些心身疾病，皮肤、消化系统都对消极情绪有着非常敏锐的反应。当我们长期心情不好时，皮肤就会黯淡、粗糙，甚至长斑，吃东西也没有食欲，总是反胃，同时身上也会出现一些慢性的疼痛，但这些疼痛往往是心因性的，医院的体检结果都是健康。长期的身体不适也会让受害者经常担心疾病和死亡。

2.1.2　自我安抚

受害者缺乏自我安抚的能力。强烈的受害者面具的背后往往是成长经历中非常痛苦的经历或者巨大的创伤，这些现实生活带来的苦难并不是用几句励志的话语就能轻易安抚的。从进化的角度而言，一直保持缺乏安全感的状态对于个体生存是有帮助的。一朝被蛇咬十年怕井绳，恐惧感会督促我们努力避免再次被伤害。但是这种持续的难以拒绝的负面情绪对于我们的主观体验来说却是苦不堪言的。除非能直面那些痛苦的回忆，并找到应对和自我保护的措施，否则这些负面情绪永远会源源不断地冒出来。只有掌握了与蛇搏斗的能力，才能最终摆脱蛇的阴影。

受害者自我安抚的一种方式是寻求他人的关怀，希望他人可以扮演拯救者的角色给予他们温暖。由于对伤害过分敏感，受害者对这种期待往往是过高的，他们需要外在环境或者他人能一直维持着拯救者的形象，不容有丝毫变化。一旦出现变化，他们就极其容易失望，在他们眼里，那个拯救者的形象就不再纯粹了，这让他们无法接受。

安抚受害者最直接的方式就是身体的接触，如拥抱、抚摸等，这会给他们极大的安抚。食物也能安抚受害者，情绪消极的人往往会暴饮暴食，对食物的渴望也会象征性地发展成冲动消费、囤积物资等占有物质的方式。本质上这些都是在满足生理本能，以寻求安全感和满足感。

或是依赖他人，或是依赖物质，受害者需要从外界寻找依靠，来安抚自己。

2.2 自我

2.2.1 自尊水平

受害者处于明显的低自尊水平，觉得自己哪都不好，不值得被爱和欣赏。虽然他人会告诉他们，他们有很多优点，理性上受害者也认为自己并不比别人差，但是他们还是会有着强烈的自卑感和自我厌弃感。

对受害者而言，获取自尊的方式是得到他人的爱和关注，他们的自尊心总是被他人的评价所影响，得到好评便心满意足，得到差评便痛苦万分。受害者可能会理性地与对方争辩，认为自己根本没有哪里不好，对方必须收回自己的言论或是道歉。但是受害者不能理性地思考，无法承认对方也只是普通人，也可能存在偏见或说错话。关键点不是这个评价是否合理，而是这个评价是“坏”的，这个“坏”的评价让受害者痛苦万分。

不仅仅是在被他人评论时受害者会受伤，哪怕是在日常的沟通中，他们也会不断臆想：他说这句话是不是觉得我很差劲？他瞥了一眼其他的地方，是不是因为不想听我说话？他虽然在微笑着听我说话，但事实上我又是他的谁呢，我算什么呢？受害者总能找到各种各样的理由来证明：“我真的是一个受害者，所有人都在针对我！”就算找不到，受害者也能靠“脑补”来完成这个自证预言。

2.2.2　核心自我认知

受害者的核心自我认知是“我糟透了”。我们经常会发现不少平时生活中大家认为很优秀的人，私下里总是认为自己一无是处。这种自我定义与现实并不匹配，例如外界对一个受害者的评价是责任心强、能力出众、亲和友善、值得信赖等，但是他人的好评并不能让这个受害者欣赏自己，他们总是能找到各种理由去否定自己，以偏概全地认为自己一无是处。

受害者总是过分低估自己的能力，他们的注意力更多地集中在自己的缺陷上，总是以一种吹毛求疵的态度去否定自己：“我有这么多缺点，我真的是太糟糕了”。但实际上当这些受害者难以忍受的缺点出现在他人身上时，他们却觉得理所当然，认为每个人都会有些缺点并予以理解和接纳；而在受害者自己身上，这些缺点就成了罪恶。

在自己的优势项上，受害者总能找到更厉害的人去对比，将自己努力获得的成果形容得一文不值；他们总是妄自菲薄，从不为自己的成就喝彩。

2.3　家庭教养方式

我们每个人的成长过程都是一个学会如何与内在的受害者面具相处的过程。在传统意义上，母亲的角色是拯救者，发挥关爱的功能，做孩子心灵的避风港；父亲的角色是迫害者，发挥管教的功能，促进孩子社会化习得能力。孩子的成长是在与父母的互动中内化父母的拯救者和迫害者面具，学会安抚和管理内在的受害者面具，最终变得坚韧。

本书以关爱（拯救者）和管教（迫害者）两个维度去建立一个家庭教育模型，探讨不同教养风格对孩子心理发展的影响。以关爱程度和管教程度两个维度建立坐标轴，得出 4 种典型的家庭教养风格：民主型、宠爱型、权威型、疏忽型（图 1–1）。关爱程度和管教程度分别指父母双方作为一个整体的表现，此处不做单独个体上的划分。在现实生活中，关爱和管教的功能划分并不会如此刻板，父母双方都会在不同程度上承担两种功能，“虎妈猫爸”的现象也越来越多地出现在现代家庭中。

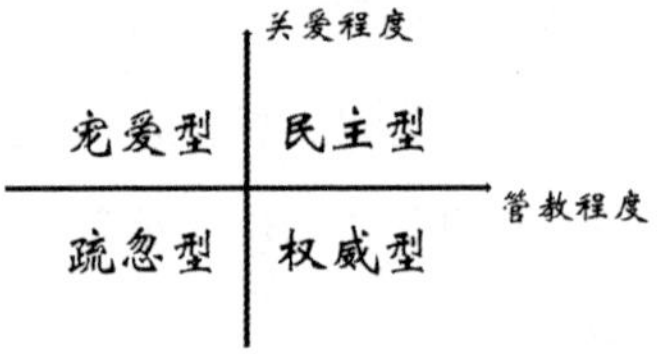

图 1–1　典型家庭教养风格

关爱和管教不仅仅体现在生活的细节中，更体现在亲子精神互动中的感受。现如今很多孩子的物欲被过度满足，情感生活却严重匮乏。社会批判：这一代孩子被过度溺爱，宠坏了。其实孩子们心灵上并没有得到关爱，反而是被疏忽了。家庭教育真正起作用的时刻是当孩子处于受害者状态时父母所采取的应对方式。很多父母对待孩子的态度：如果不出事不惹麻烦，那么一切好说，都随你；如果你表现不好，那么父母就会严厉对待。从父母的角度去看待孩子的成长过程，父母觉得自己的关爱做得非常够，还会觉得自己是对孩子太好了，导致孩子情绪这么脆弱，说不得骂不得。但是从孩子的角度去看，每当他状态不好（处于受害者面具状态）渴望得到父母关爱时，父母给予的却全是责备和管教（处于迫害者面具状态），孩子觉得自己从来不被理解和关爱。父母自认为的付出和好并没有用在合适的地方，对于孩子而言是无用的，但是对于自己而言却是无尽辛酸血汗，最终也只能用一句“你长大后就会懂了”来自我安慰。

很多父母会说，我对孩子很好，从小到大也没打过他几次，只有他犯错的时候才会教训他。但是我们将心比心一下，与人相处时如果对方在你脆弱的时候狠狠伤害了你，让你绝望，你还会信任他吗？可能一次伤害就足够让你在心理上将这个人屏蔽，不再信任和亲近他，但是孩子却在对你饱含期待时被你一次又一次伤害后，还被你指责不懂事、不乖巧、不上进、不听话，他的内心世界会发生什么呢？

2.3.1　民主型家庭教养风格

民主型家庭教养风格的特点是关爱程度高、管教程度高。这类父母很好地扮演了养育者的角色，关心孩子的感受，保护孩子的自尊，让家庭成为孩子的避风港；同时也很好地扮演了教育者的角色，帮助孩子树立规则感，更好地适应社会。这些家长也会找到适合自己家庭情况的方式去协调养育者与教育者角色之间的冲突。

很多父母往往纠结于如何去平衡拯救者和迫害者的角色，关爱孩子时害怕宠坏孩子，惩罚孩子时又害怕给孩子造成心理阴影，最后形成了严重的内心冲突，仿佛自己怎么教育孩子都是错的。这份纠结也会导致夫妻之间发生冲突，持关爱理念的一方和持管教理念的一方都会认为是对方的教育方法导致孩子出现了问题。恰恰是夫妻之间的无法合作，导致孩子陷入困惑："好像我做什么都是错的"。

从孩子整个成长过程来看，我们的教育方式需要遵从儿童的心理发展阶段并采取不同的教育策略，具体可以参考埃里克森的人格发展八阶段的前五个阶段。需要注意的是，要确保在整个宏观的过程中关爱程度高于管教程度，要做足够好的父母，但没有必要追求完美。

从具体的事件来看，教育孩子时的关爱和管教并不是水火不容的对立，而是相辅相成，缺一不可的。对待孩子的情绪，我们需要采取关爱的态度，接纳、理解或是包容；对待孩子的行为，我们可以使用管教的策略，奖励或是惩罚。在很多时候，家长往往对孩子的行为过于纵容，而对孩子的情绪又过于苛刻，最终导致孩子情绪压力太大，行为习惯太差，形成心理障碍。

2.3.2 权威型家庭教养风格

权威型家庭教养风格的特点是关爱程度低，管教程度高。这类父母更习惯扮演教育者的角色，忽视孩子的内在感受，喜欢通过制造负面情绪来让孩子长记性，尽管他们自以为是在平静理性地讲道理，典型的爱之深责之切。而教训、指责、惩罚是这类父母最常用的手段，他们非常担心如果不严厉要求孩子，孩子便会堕落。他们之所以变成权威型父母，或是曾经自己是严厉教育的受益者，或是将自己对现在生活的不满归因于曾经拒绝了严厉的教育。当下很多人之所以那么极端地批判原生家庭，便是因为他们在批判这一类父母。

秋菊女士是一所中学的班主任。作为一名优秀的教师，她桃李满天下，她的学生有出国留学的博士，有精明能干的企业家，也有为人师表的学校教师。但如今，她自己读高中的女儿却厌学了，无奈之下她找上了笔者。

她一遍又一遍地讲述着她在面对女儿时心底无端冒出的愤怒和厌恶，面无表情地告诉笔者，她自己没救了，只要她的女儿一有什么表现不好的时候，她就会把女儿骂得体无完肤，“垃圾”“废物”“你以后就是端盘子的命”等类似的话语脱口而出，而且骂着骂着，一巴掌就扇过去了。在理性层面上，她肯定知道自己对待女儿的方式是极度糟糕的，但却无法自控情绪。

同时，她又告诉笔者，自己是为了女儿而活，这辈子唯一的期望就是把女儿养大成人并给她一个幸福快乐的生活。

秋菊是一个典型的传统中国教育者的角色，不少父母和老师都是这样：爱之深，责之切。但是作为接受方的子女或学生，感受到的极少是爱，更多的却是痛苦和摧残。秋菊对待女儿的方式无疑把女儿变成了一个严重的受害者，但是她却对女儿的痛苦毫无同情之心，甚至一看到女儿的受害者面具，反而更厌恶。

我们对待他人的方式源于我们对待自己的方式，秋菊对他人的受害者面具的麻木不仁，让笔者好奇，她是如何对待自己的呢？

通过了解，笔者发现她是一位单亲妈妈，因为前夫行为不端且不负责任而选择离婚。她净身出户，唯一的要求就是要带走孩子，她害怕一个不负责的父亲教育不好孩子。对于一位单亲妈妈独自把孩子抚养大所要承担的压力和痛苦，任何试图去描述这个过程的语言都是苍白的。

秋菊的内心也有很强的受害者面具。但是生活没有给她时间顾及自己的感受，疗愈自己的伤痛。一波又一波的压力潮水般地向她涌去，她只能咬着牙，压抑自己的受害者面具，不允许自己倒下。在她的世界中，她的背后除了孩子已经空无一人了。她不能倒下，也不敢倒下。所以她只能压抑自己的受害者面具，永远表现出一副女强人的模样。

笔者告诉她："这么多年为了把孩子抚养大，我无法想象你过得有多辛苦。我能理解，为何你会对孩子的期待如此之高，为何你的情绪会如此容易失控。我不否认，你教育孩子的方式是错误的。但是我能理解你背后的不容易，我觉得你已经努力去做好自己了。你能理解你自己吗？"

面无表情的她突然泪崩，咬着唇努力不让自己哭出声。几分钟后，她的语气一如既往的平淡和坚定："我无法原谅我自己，也无法理解自己为什么干出这种事。”

无法接纳自己的受害者面具，那么也就没有办法接受他人表现出的受害者面具，无法感受到别人的痛楚。虽然女儿被她辱骂责打，她却完全无法感受到女儿内心的恐惧和无助。或者说，她能感受到，只是她对受害者面具的感受是麻木的，她习惯用更强硬的姿态去对待受害者。

在工作中，笔者会经常问家长一个问题：“你觉得你在跟孩子的关系中更像父母还是更像老师?”很多家长会意识到，这么多年自己从来都在扮演老师的角色，而没有像父母一样去关爱孩子。

2.3.3　疏忽型家庭教养风格

疏忽型家庭教养风格的特点是关爱程度低，管教程度低。形成疏忽型的家庭教养风格有很多种原因，主要有以下几方面。

1）父母难以及时参与孩子的生活，孩子成为留守儿童。

2）夫妻一方存在特殊的精神障碍，如妻子患有抑郁症，没有精力和能力给予孩子关爱和管教，而丈夫在赚钱养家之余还要照顾妻子，因而对孩子的关注相对匮乏。

3）在多子女家庭中，每个孩子都会感受到自己被疏忽，而出生顺序居中的孩子的被疏忽感尤为强烈，他们既没有享受过长子女一开始出生时的独生子女待遇，也没有享受过末尾子女集万千宠爱于一身的待遇；他们总是被要求听哥哥姐姐的话，照顾好弟弟妹妹；而他们自己的感受，父母极少有精力去关注。

4）在重男轻女的家庭中，男孩被过度宠爱，女孩被父母疏忽。

5）父母身居要职，忙于工作，孩子由保姆或者爷爷奶奶等长辈抚养长大；父母难以顾及孩子，或者不顾及孩子。

过去和现在疏忽型家庭均很常见。在疏忽型家庭中成长的人在教育自己的孩子时往往会借鉴自己的成长经历。很多 60 后、70 后甚至 80 后父母的个人经历是缺少父母管教，他们的想法是自己从小没人管也都好好地长大成人了，怎么自己的孩子就这么脆弱，这么缺爱呢？除了之前提到的，我们从“活下来”到“活得好”的人生主题的变化，另一个显著原因是来自同伴的知识和经验的减少。大部分 20 世纪 80 年代以前出生的人都有兄弟姐妹，生活中也有很多玩伴，他们在孩子堆中长大，并从交往中获得支持、经验，内化规则。新时代的孩子由于独生子女政策、巨大的学习压力、城市化等原因，很容易在成长阶段产生孤独感。在这个背景下，他们在成长阶段往往对父母有很高的情感需求，但这种亲子互动模式对其父母而言其实是非常陌生的。

同样生活在疏忽型家庭，我们的上一代就不会出现问题，但这往往是新时代孩子出现心理问题的主要原因，这是时代变迁和社会发展的结果。

2.3.4 宠爱型家庭教养风格

宠爱型家庭教养风格的特点是关爱程度高、管教程度低。多数的宠爱型父母往往因为自己在成长过程中经历了巨大的挫折和痛苦，在事业有成，生活安稳后希望孩子可以过得幸福快乐，因此便容易过分宠溺孩子。中国的 80 后、90 后曾被称为垮掉的一代，当时社会上孩子被宠坏的新闻层出不穷，现如今他们已在各个行业成为中流砥柱，散发着光和热。80 后、90 后们又开始为 00 后、10 后们操心，事实上这种对下一代的担忧来自权威型父母，他们喜欢用严厉的态度从最坏的角度去怀疑和指责一切。

宠爱型家庭的行为往往被误解为溺爱，也为疏忽型家庭背了不少黑锅。在 80 后、90 后这一代的父母中，很多因为改革开放带来的创业潮、打工潮而离开原生家庭，于是中国出现了大量留守儿童。这些孩子接受的关爱和管教往往非常缺乏，因此行为习惯存在缺陷，精神世界较为匮乏，其父母更多的关注点是希望孩子在家好好读书，乖乖听话，同时出于愧疚往往希望在物质和金钱方面补偿孩子。这类孩子就是我们所说的“被宠坏的孩子”，但是被宠坏的主要原因是他们生活在一个疏忽型家庭之中，家长在孩子不犯错时会过度纵容孩子，而在孩子犯错时又过分苛责孩子。家长也会自责，认为自己的孩子出问题的原因是被自己宠坏了，但实际原因是生活在疏忽型家庭中的孩子一直在精神上得不到关爱。

实施宠爱型教养的关键是关注孩子的情绪感受，而不是纵容孩子的行为。

真正在宠爱型家庭中长大的孩子，我们会发现他们散发出一种极为自然的亲和力。不管任何人见到他们，都会不自觉地产生亲切喜爱之情，很快就能和他们打成一片。他们沐浴在爱中成长，所以他们在接受他人的关爱时也会落落大方；同时，他们在给予别人关爱时也并不会抱有强烈的目的性。因为在他们的认知中，人与人相亲相爱是一种常态。

2.3.5 小结

人性是复杂的，每个家长身上都存在多种教养风格，不同的教养风格对孩子的影响又不一样。本书将从家庭教养风格的角度去探讨个体的受害者面具、迫害者面具、拯救者面具是如何被影响的。

2.4 原生家庭

2.4.1 权威型家庭教养风格

我相信很多孩子都有过这样的抱怨："我在家待着就说我天天窝在家里一点用都没有，要多出去走走长见识；我出去玩就说我天天就知道玩，也不知道静下心来在家好好待着。不管做什么，我都要被父母骂。"

权威型父母对孩子的成长总是有一种特殊的焦虑，经常陷入一种"道理我都知道，但是我却做不到"的自责。一位班主任向我求助，她平时教育那些家长，告诉他们对待自己的孩子时要关爱、有耐心、包容。但是当自己的孩子犯错时，这位班主任就会和那些被她教育的家长一样，容易气急败坏。

虽然他们在主观意识上不会有这样的想法，但是他们的言行都会体现一个荒谬的观点：只要我一疏忽，被孩子抓住漏洞，那么孩子就会抓住机会迫不及待地堕落。所以他们就无时无刻不想着敲打敲打孩子，抓住一件小事儿就上纲上线地进行灵魂教育。而且这些指责和批评不允许被反驳，因为“这是在教育你，就算我说错了，我也是为你好！”

因而孩子们感受到的便是自己的情绪和想法都是不重要的，做什么都是错的，从来不能得到理解和信任。从始至终，孩子都处于受害者状态之中，找不到寄托和依靠，最终导致出现各种情绪问题、心理障碍。在这种家庭中，孩子能感受到的只有迫害者，拯救者只存在于父母的口头安慰中：“我们这么严格要求你，因为我们心里是爱你的。”

父母一辈人无法理解自己为了孩子呕心沥血，而孩子们却感受不到爱。因此，只能解释为或许现代的年轻人吃的苦太少，太矫情了吧。

2.4.2　疏忽型家庭教养风格

在疏忽型家庭中，孩子缺乏基本的管教和关爱，父母偶尔的关心也就是：读书好不好，在家听不听话。孩子内心会一直有一个疑惑：“父母真的爱我吗？如果爱我的话，怎么都不关注我呢？”他们一直感觉自己缺乏存在感，并怀疑自己存在的意义。

随着孩子在成长过程中孤独地面对学业压力、人际困难、情绪低谷等困境，他们的受害者面具一直没有得到家里人的安抚，积累的能量越来越强，最终导致容易失控。这种自我怀疑会渐渐变成一种强烈的被遗弃感，在心底相信自己不会被爱，也不值得被爱。

2.5 人际关系

2.5.1 两极分化

受害者就像戴着一副扭曲的有色眼镜的人，他们看到的世界是受害者的世界。在他们眼中，人只有两种：好人（拯救者）和坏人（迫害者）。一旦他们喜欢一个人，就会把对方美化，想象成完美的存在；一旦他们讨厌一个人，就会把对方想成性格卑劣、品德败坏的人。

多数时间，受害者会把周围绝大多数人想象成坏人，表现出所谓社交恐惧症、自卑现象等。他们总觉得不管做任何事，说任何话都会遭到别人的批评、嘲笑。这种幻想不需要任何现实依据，或者说他们会直接扭曲眼前所见：别人在看他，别人不在看他；别人在笑，别人不在笑；别人在说悄悄话……这些行为都会加深他们的恐惧感，使他们觉得周围的人都不怀好意，随时准备向他们发难。一位女士抱怨，她的丈夫一点都不尊重她，每次对她说话时语气都很重。事实上她的丈夫是一位人民警察，说话音量大，语言直白是他的天性。但妻子总是觉得这是丈夫没把她放在心上的缘故，或是在生她的气，觉得她哪里不好。这是典型的受害者情结。

在理性层面，受害者都知道其实没有多少人关注他们，但在感性层面，透过受害者面具的有色眼镜，他们把周围的人想象成了迫害者。

一旦感受到身边某人的善意，受害者就如同在黑暗中发现了光明，会紧紧地跟随光源奔跑，不管那种善意出于有心还是无心，他们会很容易将某人当成拯救者，迫不及待地跟其亲近，袒露心声，将其放在心中很重要的地位。也许一段时间后，这种幻想便会破灭，或是发现对方不是自己想象中那么美好，或是发现自己在对方心中其实并没有想象中那么重要，从满怀期待到跌入谷底。受害者没有办法客观地看待人性和关系，只能极度亲密或疏离。

2.5.2　对人际关系的病态渴望

大起大落的心境让受害者无法维持一段稳定的关系。受害者渴望他人的温暖，想方设法地获取他人的关注和呵护。相信大家肯定这样劝诫过自己：人一定要靠自己，别依赖别人。但是我们会发现，这种劝诫完全没有任何用处，我们还是会对人际关系有着病态的渴望，仿佛我们就像一个漂浮着的气球，如果没有一段关系牵着我们，我们马上就会与这个世界再无联系。

但是受害者又极其容易悲观和失望，很难满足于一段固定的关系，总觉得他人对自己的关心都是虚情假意，或终将以悲剧结尾。

有的人不会局限于某段关系里，更可能往返于多段关系，寻求不同的温暖，每当在一段关系里遇到挫折，便向下一个人索取温暖。“装成一身娇体态，扮作一副假心肠”能很好地形容这类人了。同样是明确知道自己要什么并需要努力去获取，他们不被人喜欢是由于他们总是以受害者的姿态去索取。这类人理直气壮地以自我为中心和贪婪无度，就是因为他们觉得自己是生活的受害者。他们要的不是某人，而只是一些温暖。（笔者不希望上述这句话给读者以性别上的暗示，男人和女人在这方面并没有实质性的区别）

也有的受害者会长期把自己困于一段痛苦的关系里（如虐恋），即使过得痛苦，哪怕他们自己也抱怨连连，却不会付诸行动——离开并开始新的生活。他们要的不是某人，只是一段稳定的关系。我们可能会很疑惑很多家暴受害者为什么不离开这个家，因为他们在离开这段关系后就没有其他稳定的关系了，因此哪怕再痛苦，起码这是一段稳定的关系，让他们有些安全感而不愿分离。相较于肉体上的痛苦，精神上的无根漂流让他们更痛苦。

在人际关系里，受害者只会专注于自己的感受和需求，哪怕对他人好也只是从自己的角度去自娱自乐，仅仅感动了自己。因此，他们很难真正地跟他人产生联系，永远找不到自己的安全感。同时，他们又玩着受害者的游戏，既向外界求助，想摆脱受害者的感受，却又固执地不改变自己受害者的角色。

2.5.3 填不满的黑洞

受害者很容易激发他人的拯救者面具，使其本能地想要去关心和温暖他们。但事实上，我们会发现这些受害者有极强的负能量，哪怕你无微不至，他们也总是无法满足。虽然你很爱他（她），家人很爱他（她），很多亲朋好友也很关心他（她），但他（她）却总是会陷入沮丧——为什么没有一个人爱我？

与此同时，受害者又会情不自禁地把身边某个流露出善意的人想象成自己的拯救者，幻想通过与之建立一段独一无二的关系，找到自己的幸福。但是这种幻想又极易破灭，一旦需要得不到满足，他（她）们便仿佛坠入深渊，痛苦难耐，并且原先想象中的那位拯救者也瞬间失去了光彩，落入凡尘。受害者缺乏换位思考的能力，只要周围人的爱没有达到其标准，就会得出结论："他们不爱我。"受害者缺乏爱自己的能力，只能不停地向外界索取。

本质上受害者是在寻找一种理想中的母婴关系，渴望跟别人合为一体，精神共生。不管是在亲情、爱情、友情中，还是在师生关系、团体关系内，他们都在追寻一种源自母亲对婴儿的无条件的爱："无论如何，你必须爱我，你必须永远存在。"

事实上我们会发现，现实中的母爱并不是无条件的，如果孩子表现不好，就会被批评和责罚；如果孩子跟母亲起了冲突，母亲就会想要改变孩子的想法；甚至孩子如果长期不合母亲的意，那母亲可能会在心底悄然放弃这个孩子，只是尽抚养的义务，却无法对孩子保持亲密。

孩子如果在成长过程中获得了基本的母爱的满足，便不会被这个问题困扰。我们每个人都渴望无条件的爱，并积极地与身边的人建立那样的关系。但这对于受害者而言是无法接受的现实，他们渴望无条件的爱，只要不合自己心意，就认为别人不是真的爱自己，所以他们注定要一次又一次地陷入绝望，没有谁可以满足他们的幻想。

网上很多人都做过这样一个比喻：他们就像一个黑洞，会把周围的人全部吞噬，没有任何人可以填满他们。最终，受害者周围的人都失望了，离他们而去，而周围人的失望和离去又会加深他们的受害者情结。

而这个“黑洞”往往出现在亲密关系中，因为受害者情结形成的原因普遍是在原生家庭中没有得到好的关爱。因此在正常的社会生活中，受害者也会保持正常的界限，遵守人际规则。但是当他们一旦进入亲密关系里时，就会变得自私自利，哪怕身边的人付出再多，他们也还是永不满足。我们在职场中很容易遇到这样的人，初见之后印象良好，觉得对方为人处世都非常老道，但一旦亲近了，成为朋友，对方便开始理直气壮地不断占你的便宜。本质上，我们每个人都会在有安全感的人面前表现出自己受害者的一面，区别只是在于频率和程度。

2.5.4 被排挤的可怜人

受害者容易在无形中激发他人的拯救者面具，让人忍不住关心他们。但是同样，他们也容易激发他人的迫害者面具，被他人粗暴地对待。

相信大家肯定有这样的经历：当你想安慰某些人的时候，你自己却越来越生气，语气越来越差，恨不得想骂对方，出现所谓恨铁不成钢的感觉。很有可能对方有很强烈的受害者表现，用他们特有的受害者模式引发出了你的迫害者模式。虽然你是带着善意去的，但是你对待他们的方式却逐渐粗暴。这个过程是下意识的，如果不留意，你甚至不会觉察到背后有这样一种心理互动，你只会觉得眼前这个人满嘴歪理，但说出来又让人无法反驳，让你一口气憋着难受。最后的结局多是不欢而散，要么你认为这个人没救了，要么这个人认为你不懂他，不再向你袒露内心真实的想法。

在一个集体中，真正容易被孤立的，并不是脾气暴躁的人，而是受害者面具强大的人。他们散发着负能量，渴望被理解和接纳，却不由自主地激发别人的迫害者面具，形成对立的关系。他们看不到自己的受害者面具对他人的影响，只是固执地认为这个世界到处都是迫害者。

2.5.5　讨好型人格

一方面，受害者由于长年处于低自我价值感中，没有力量拒绝别人，哪怕是不合理的要求他们也会去尽量做到。对于他们而言，这并不是助人为乐，而是一种痛苦。他们也觉得这样的关系让自己痛苦，但总是鼓不起勇气说不。他们虽然表面看起来善解人意，心里却对身边的人有很多怨言，认为没有人理解自己、尊重自己。这会让他们在内心中积压很多委屈和怨恨，心理变得愈加阴暗。

另一方面，受害者为了获得认同感和关注，也会主动地讨好他人。但是这种对他人的“好”更多的是从他们自己的角度去决定的，而不是从对方的角度去做的。所以我们会发现，他们对身边人的“好”，身边人可能并不会有多少领情。他们总是做着很“对”的事情，说着很“对”的话，但却得不到他人的喜爱。

我们经常会发现这样的人：表面上对所有人都很友好，但是心底却不喜欢别人，并且觉得自己异常孤独。这些人没有办法与他人建立亲密关系，但又努力地维持着表面的联系，维系着自欺欺人的人际关系。

这是一个无害、让人心疼但无法让人喜欢的角色。

2.5.6 害怕独处

受害者之所以热衷于人际关系，一方面是因为他们渴望获得关注和温暖，另一方面是因为他们害怕独处。对于受害者而言，独处或许是最痛苦的事情之一。因为在独处的时候，他们关于痛苦的回忆便会不断喷涌而出，占据他们的意识。他们经常会说：“一定是我太闲了，忙起来就好了，忙起来就不会想多了。”但这其实只是转移注意力而已，他们独处的时候其实并不能称为独处。他们用游戏、微博、抖音、微信朋友圈填充自己的意识，不让自己有一点空闲，以避免面对内心那个失控的、无助的受害者。原因是他们无法与自己相处。

所以受害者一定需要另一个人，以便可以把自己的注意力全部放到对方身上，以关心对方的方式忘记自己背负的痛苦，甚至还能获得成就感和自信。正如父母靠孩子来寄托苦难，情人靠爱情来寄托苦难。但是一旦被寄托者不在了或是与他们对立了，受害者便痛苦万分，因为之前被压抑的苦难便更加汹涌而出了。

我们越是逃避内在的受害者面具，它的力量就越强大，最终我们将毫无抵抗能力。

2.5.7 自私自利，斤斤计较

一方面，一旦一个人受控于自己的受害者面具，那么其便会变得自私自利。因为从这种人的视角去看，他们已经这么苦了，凭什么就不能自私一些。比如有些受害者借了钱之后就不想还，他们会认为自己负了债，过得那么辛苦，而你这么有钱，你就必须理解他们的感受，不能去催债；一旦你想将钱要回去，他们便会感受到极大的痛苦，受害者面具失控。俗话说“借急不借穷”，便是因为穷人多数时间都处于受害者状态，永远不会满足，你做得再多再好，对方都会认为这是应该的。

另一方面，受害者也会变得斤斤计较，别人对他们一丝一毫的伤害都会让他们陷入痛苦。很多人在菜市场会因为几毛钱就跟人吵得面红耳赤，可能别人一个眼神、一个动作就使他们产生莫名其妙的恐惧，这些都是因为他们被受害者面具所控而不自知。

2.6 工作和学习

2.6.1 习得性无助

习得性无助是美国心理学家塞利格曼于 1967 年研究动物时提出的概念，指因为重复的失败或惩罚而造成一种对现实无望和无可奈何的行为、心理状态。我们的教育更推崇内归因，希望孩子可以更多地看到自己的问题，有则改之，无则加勉。因此家长容易凡事不分青红皂白就先问责自己的孩子：“你知道自己错在

哪里吗?”

我们美其名曰这是为了孩子好，但是事实上这是一种批评式教育，对孩子的伤害特别大。这样的教育方式往往会强化孩子的受害者面具，给孩子一种不管我怎么做都不够好的无力感，特别容易导致孩子出现习得性无助，使他们认为自己做任何事情都不会有好结果，因此变得消极而退缩。

这种习得性无助会一直伴随孩子的成长，哪怕他们成年了还是缺乏自信和拼劲。很多成年人遇到事情还是很容易犹豫不决，呈现出一种深深的无力感，同时面对领导时又会非常紧张焦虑，不知道如何去沟通合作，因为他们会把过去严厉的老师和家长的样子投射到领导身上，深信领导也是那样的蛮不讲理。

2.6.2 关键时刻掉链子

当我们去参加一些重要的比赛或考试时，都会担心自己的表现不好，都会感觉到肌肉紧张、心跳加快、喉咙发紧。这些紧张属于每个人都有的原发情绪，但是我们对待这种情绪的差异，导致了最终结果的不同。有些人此时会感觉兴奋，最终有可能超水平发挥；而有些人却紧张到脑海一片空白，失误连连，连平时一半的水平都发挥不出来；甚至有些人在前一天晚上会因为过度担忧、焦虑而突然发烧、腹泻，出现各种身体反应。超水平发挥和失误连连之间的区别就是我们是否处于受害者面具状态。当我们处于受害者面具状态，我们对所有环境信息都过度敏感，会处于巨大的焦虑之中。

很多从小乖巧的孩子，便是因为受害者面具太强，而导致一旦面临重要考试便“掉链子”。而很多平时不显山、不露水的孩子往往在重要考试中一鸣惊人，这些孩子往往有比较强的个性和自我，他们不是为了他人而活的受害者。

2.6.3　成功是为了被爱

每个人追逐成功的动力都不一样，受害者追逐成功的动力是为了获得他人的认可。在成长的路上，被动是他们最大的特点。他们总是受困于自卑，不管是面对自己喜欢的人或是合适的机遇，他们都不敢主动去追逐。除非有另外一个人强行地“推”一把，他才能勉为其难地去主动追求。

导致这种被动的原因有很多。首先是长期处于受害者的状态，受害者认为自己的感受和想法是不重要的，主动去表达和追求也不会有人理会；其次是受害者认为自己不配获得好的结果，以往他们表达自己的需要时，总是会不断地受到指责和否定。

受害者的自尊心取决于他人的评价，不管取得多高的成就，只要还有人在否定他，他们的内心便无法从成功中获得享受。当然，长期处于受害者面具中伴随的负面情绪会让他们的工作能力并不会特别出色，一旦遇到职场或家庭中的人际冲突，他们的工作状态就明显受影响，这也导致他们在金字塔型的机构中难以晋升。

对于受害者而言，最大的幸福就是有一个全身心爱自己的爱人和一个温馨的家庭以及一群交心的朋友。

2.7 自我调节

2.7.1 识别受害者的游戏

如果我们想摆脱受害者面具的控制，首先就要识别受害者面具的游戏。当我们被外在的人和事物刺激而感受到痛苦时，我们要知道痛苦的根源并不在于外界，而在于内在的积蓄了大量心理能量的受害者面具。多数时候，我们会将注意力集中到外界上，产生诸如他为什么要说这样的话、领导为什么总是在针对我、他们是不是瞧不起我、他们一定很讨厌我吧等一系列想法。此时，我们要么为了感受到的恶意愤愤不平，要么为了自身的处境伤心难过，却难以发现这是我们内在的受害者面具在主导的游戏。我们感受到的强烈痛苦并不是源自他人，而是源自自己。

同样是被指出缺点，当我们使用拯救者面具时，我们会善意地去解读这些批评指正，并从中吸取教训；而当我们使用受害者面具时，我们只会觉得自己被针对，并认为对方充满恶意，可恶至极。

在理性上识别自己的受害者面具之后，我们还要将其具象化，这有助于我们更好地对其进行安抚和转换。关于具象化的这一部分内容将在本书第四篇“自我认识与自我调节”中详细介绍。只有先看到内在的受害者面具，我们才能将注意力集中到内在的状态，并想办法调整自己的状态。

2.7.2 温柔地对待自己内在的小孩

当我们看到内在的受害者面具之后，我们就需要去温柔地呵护它的感受。我们总是渴望得到一份无条件的爱，这种渴望便来自我们的受害者面具，只有温暖的爱才会让一个受伤的心灵得到修复，而这份爱不仅仅来自外界，更来自自己。

笔者在带领一个心灵成长团体时，其中的一位 40 多岁的成员艳梅和其他成员分享了自己的体验："我以前也特别敏感，情绪特别脆弱，那时候我只会硬憋着，最后要么憋坏自己，要么把气撒到了老公和孩子身上。后来我逐渐认识到，人要先对自己好，照顾好自己的情绪。我就把自己当成一个小孩子去宠，每当我心情不好的时候，我就会在心里对自己说：'艳梅宝宝呀，你咋不开心了呀，跟我讲讲出啥事儿了呀！'一开始当我这么问自己时，我只会一个劲儿地难受和哭，我都不知道自己到底哪来那么多负面情绪。后来我的内心逐渐有了回应，我就知道该做一些什么事能让内心的艳梅宝宝更舒服一些。慢慢地，慢慢地，我的心情就越来越好，整个人开始由衷地感受到幸福愉悦！一定要将自己的内心当成一个宝宝去关心去宠，保持耐心，慢慢地你就会有变化的！"

艳梅的这一番话使每一个成员产生了触动，有的成员甚至当场落泪。在我们的社会中，总有声音提醒我们，应该优先考虑别人，为了家人付出牺牲，把自己的需要排在最后。我们总是忽略了自己的内心也需要自己去关爱和怜惜！

2.7.3　捍卫自己的感受

进行自我调节时，我们应看到内在的受害者面具，知道自己的痛苦来源，并尝试去关爱敏感的自己，但这并不意味着我们要一味地包揽问题给自身，我们也要学会去捍卫自己的感受。当然，这不是从一味委曲求全的极端转变为“全身带刺”的另一个极端。捍卫自己的感受更多地意味着我们要画一条界线：“这是我的底线，请你们要尊重！如果你们执意要跨过，那么我会捍卫自己！”

我们的目的不是将我们感受到的痛苦返还给对方，通过伤害对方把对方也变成一个受害者；而是通过制止他们的行为来切断外在因素对我们持续不断的刺激，让我们自己得以喘息。我们需要向外界发出一个有力的信号：“停止你们的行为，不管你们是打着爱我的名义，还是迫不得已，你们都必须停下来！否则你们就会迎来我的反击。”

坚决的态度才是保护自己最有力的武器，我们应该及时制止他人对自己的伤害，而不是在自己忍无可忍后疯狂地抱怨和报复，那只会造成更多互相伤害。

2.7.4 在艺术创作中升华

如果读者对我们历史上的诗词歌赋感兴趣，就会发现进行所有文学艺术创作的前提就是要有一颗敏感的心：受害者面具。

内敛含蓄的思念之情：举头望明月，低头思故乡（李白）。

悲痛欲绝之情：十年生死两茫茫，不思量，自难忘（苏轼）。

悲壮与愤怒：壮志饥餐胡虏肉，笑谈渴饮匈奴血（岳飞）。

轻快愉悦：两岸猿声啼不住，轻舟已过万重山（李白）。

娇羞可人：和羞走，倚门回首，却把青梅嗅（李清照）。

……

不仅仅是诗词歌赋，还有戏曲。例如，西方世界著名的戏剧、歌剧、小说，所有的伟大作品，都会让我们内在的受害者面具与之共鸣。这些作品的作者是伟大的，也是敏感的，他们体验着内在的受害者面具所带来的恐惧、迷茫、无助、痛苦，并沉浸其中，从中酝酿出无数人文瑰宝。

现代的教育将负面情绪当作一种问题或是缺陷，而不是一个人之所以变得智慧、完美的根基。因此，不要去畏惧你内在的受害者面具，拥抱它，与它一起前行。

3 过度压抑的后果：麻木的我

3.1 情绪

3.1.1 情绪状态

过度压抑受害者面具的人其自我状态处于“麻木的我”，他们感受不到明显的负面情绪，不管是对于自己的负面情绪还是对于他人的负面情绪。虽然他们在理性上以一种积极的方式生活着，但是这种“积极”往往没办法感染他人。因为他们对负面情绪的态度往往是“不应该有负面情绪”，或是老想着去“解决”问题。我们肯定有过这样的经历，当我们向某个人倾诉内心的痛苦和不容易时，我们需要的只是倾听和陪伴，对方却总是跟我们讲道理，教我们如何解决问题，他们处理问题的方式并不是去安抚受害者面具，而是让受害者面具消失。

因为对内在敏感的我的压抑和忽略，所以过度压抑受害者面具的人无法识别因为受害者面具逐渐累积能量而带来的负面情绪。因此在理性上他们觉得自己都还好，但是却总感受到有一种难以言说的弥散性的焦虑，且找不到具体的根源。这种弥散性的焦虑一受现实问题的刺激就会被具象化，让个体觉得是现实问题导致了自己的焦虑，但往往现实问题被解决后焦虑感并不会消失。

有一句话说：“长大的标准就是你开始陷入周期性的精神崩溃，没有任何理由。”我们情绪崩溃往往不是因为某些真正意义上的人生大事，而是在一些小事情上，堵车、水龙头坏了、没有热水、电脑突然死机、他人轻飘飘一句无心之言……弥散性的痛苦和焦虑是因为长期压抑和否定受害者面具而忽略了我们自己的感受。如果不去觉察这一点，那么任何理性的安慰和解释都没办法帮我们摆脱这种弥散性的痛苦。当受害者面具最后失控导致情绪崩溃时，过度压抑受害者面具的人才会意识到自己的内心原来拥有那么多的痛苦。微笑抑郁症就是这类人的典型特点。

受害者面具从长期压抑到突然失控爆发，最极端的症状是惊恐发作。惊恐发作是以反复出现显著的心悸、出汗、震颤等自主神经症状，伴以强烈的濒死感或失控感，害怕产生不幸后果为特征的一种急性焦虑障碍。在外人眼中，好像并没有什么大事儿刺激到发作者，但其莫名其妙地就惊恐发作了。惊恐发作常见于那些平时在生活中特别积极向上、忽略内心感受的人。由于这些人的受害者面具累积了大量的负面情绪，因而往往一件小事就可能让洪水冲破大坝。

3.1.2 自我安抚

过度压抑受害者面具的人缺乏自我安抚的能力，甚至缺乏发现自己需要安抚的能力。他们对自己的情绪、感受、需要都不敏感，往往只有在自己状态极差的时候才会去思考“我到底怎么了”。一位公务员因为失眠来找笔者寻求心理咨询，他觉得自己处于一种莫名其妙的焦虑和烦躁之中。当笔者询问他如何看待他的年龄、工作、职业发展、亲密关系这类发展性话题时，他的回答只有一句：“还好，的确有压力，但是现在社会谁没有压力呢？为什么我就失眠了呢？”他无法将自己的情绪状态和生活结合在一起进行思考。

过度压抑受害者面具的人很擅长用一些道理掩盖自己转瞬即逝的情绪和需要，所以他们用一些社会期待的方式来获得自我满足，如找到更好的工作、赚取更多的工资、获得更多的资源、内心更加阳光积极……这些行为可以减少他们陷入受害者状态的可能性。当他们可以做到时，他们就会自我感觉良好，稍微能缓解内心的焦虑。本质上，他们缺乏自我安抚的能力，只能靠外部世界来支撑内在的精神世界。

3.2 自我

3.2.1 自尊水平

过度压抑受害者面具的人多数时间感觉良好，他们会把情感麻木理解成内心强大。多数时间，他们体验不到太多的负面情绪，并且处于一种积极向上的状态。在他们眼中，那些因为受害者面具较强而导致情绪化的人是非常幼稚的，他们奉行“人应该对自己的情绪和行为负责”的理念。这种自强的理念会给他们带来良好的自我感觉，并伴随着较强的行动力。

由于受害者面具压抑难以被觉察和触动，他们会带着一种自强不息的骄傲感去指导他人的精神世界。但是他们的自尊水平并不稳定，经常因为他人一句无足轻重的话而大受刺激，从而情绪失控。因为他们对内在的受害者面具缺乏认识，当其受害者面具失控时，他们的意识也难以觉察。

3.2.2　核心自我认知

当受害者面具处于压抑状态时，我们的核心自我认知是“我是坚强的”。就像是我们在自己的内心周围砌了一堵墙，把自己保护得严严实实，不允许外界任何人和事物碰触到我们的内心，影响我们的情绪。

很多人对成熟的误会就是一个成熟的人是百毒不侵的，情绪永远不受他人影响。所以为了表现出成熟，我们就会尽可能地表现出冷静和冷淡，最后变成冷漠。这一份带着冷漠的坚强往往是因为难以面对曾经那些痛苦的感受和那个弱小无助的自己。

3.3　原生家庭

3.3.1　权威型家庭教养风格

低关爱程度、高管教程度的权威型父母会强化孩子内在的受害者面具，难以适应这种教养方式的孩子就会处于一种受害者面具失控的状态，而被迫适应的策略就是认同父母的价值观念，压抑和否认内在的受害者面具。这类孩子必须学会忽略自己的感受，才能真正相信父母在自己最无助的时候责备自己是爱的表现。

并不是所有的权威型父母都是那么严厉苛刻，还有另一种温和的类型。他们觉得教育孩子时应该包容温和，以理服人。这样的理念听起来很不错，这类家长看起来也非常理性，他们解决孩子的问题时总是循循善诱，偶尔情绪失控爆发的责备也显得情有可原。整体而言，他们可以称得上是现代化程度较高，理念非常先进的家长。

但是笔者在工作中往往发现，带着孩子来做心理咨询的不仅仅是像秋菊一样严厉的传统型家长，也有这类现代型家长。通过观察现代型家长与孩子的沟通过程，孩子或是暴跳如雷，或是沉默不语，但家长一直保持微笑，或是苦口婆心，或是循循善诱。但整个沟通过程仅停留在事情的对错和道理上，而看不到家长对孩子情绪的理解和接纳。

虽然这些现代型家长的观点和行为和传统型家长不一样，但是本质上的共同点是对孩子受害者面具的拒绝和否定，这源自我们当下整个社会文化对人的定义。虽然他们在讲道理，但是孩子感受到的却是被否定；虽然他们笑眯眯，但是孩子感受到的却是距离；虽然他们自以为亲近，但是孩子感受到的却是冷漠。这种冷漠往往被解释为代沟，事实上这是对自身受害者面具的麻木，连带着对周围人苦难的冷漠。

这样的人看起来很正能量，积极向上，但是他们却没办法给身边的人以支持。他们给出的爱是冰冷而充满距离感的。而为了适应这样的爱，他们的孩子不得不将自己变得跟他们一样。

3.3.2 疏忽型家庭教养风格

生活在疏忽型家庭中的孩子由于缺少父母的关注和关爱，他们的受害者面具普遍非常强，他们在成长过程中一直在体验着无助和恐惧。有些孩子会逐渐学会压抑自己的受害者面具，隔离自己的情感需要，因此主观上就很少感受到强烈的失望和痛苦，这有助于他们更好地适应生活的挑战，让自己更好地发展。

这类孩子从小就学会去压抑自己的受害者面具，他们总会显得比同龄人更早熟，有着明确的目标并坚定不移地执行，不会被那些小情绪困扰。当然他们的情绪总会周期性地爆发或是被无关紧要的事情点燃，这是长期压抑受害者面具而导致的失控。他们的坚强，总是带着一分苦情的色彩。

3.4 人际关系

3.4.1 冰冷的正能量

因为对受害者面具的排斥和压抑，过度压抑受害者面具的人对于自身和他人的负面情绪会极度排斥。他们延续了早年父母教育他们时的模式，当发现他人处于糟糕的状态时，一定要想办法将对方从困境中拉出来。这些方法从最平淡的轻声细语讲道理，到最激烈的恨铁不成钢式的声泪俱下，潜在的台词是“我不允许你处于受害者状态，你必须改变”。

这种积极向上的姿态从社会评价的角度去看就是内心成熟强大的表现，但是作为被他们“帮助”的人，感受就非常糟糕了。一方面，这些“被帮助”的人感觉自己的内心完全不被理解和接纳。另一方面，他们又会怀疑自己是不是真的很糟糕，因为自己的困难和痛苦在对方的嘴里是那么的轻描淡写，好像很容易就能解决，完全不像自己一样深陷其中，难以自拔。

很多有心理障碍的患者的家属总会劝解患者“你想开点，积极点，别胡思乱想就好了”。这样的劝解只会让患者更痛苦，因为患者根本做不到。情绪得到缓解的唯一途径就是受害者面具被允许表达，累积的心理能量慢慢释放后，受害者面具就能回归可控状态。

3.4.2 难以克服的隔阂感

在一段关系中，只有当彼此的受害者面具能得到表达并被接纳，彼此才能建立亲密的关系和形成信任感。

现如今，在有些家庭中，成员间的关系是非常紧张的，很重要的原因是一旦有人处于受害者状态时，周围的人便马上以一种解决问题的态度去沟通，试图让对方从伤感和痛苦中解脱出来。不可否认，这些劝解带着善意，但受帮助者的感受却是“自己不被理解”，因而更加痛苦。同时，过度压抑受害者面具也意味着他们难以表达自己内心的脆弱，不懂得向他人求助，因此其身边的人也容易产生不被需要、信任或依赖的感觉，难以与其亲近。

因为对受害者面具的排斥，过度压抑受害者面具的人与周围人相处时总会有一种难以克服的隔阂感。而压抑受害者面具又是这个社会对每个人提出的潜在要求，所以我们总是觉得人与人之间存在隔阂感。

3.4.3 不定时的情绪炸弹

压抑受害者面具并不意味着受害者不存在，而是受害者面具一直处于被压抑状态，累积能量并寻找着机会爆发。我们经常发现，一些看起来很阳光积极的人，由于他人的一句话、一个动作，突然神情大变，情绪失控，这便是因为他们长期压抑的受害者面具被触动了。

一位女性朋友向笔者抱怨，说她在玩游戏的时候遇到了坏脾气的队友，两个人通过语音互骂了 1 个小时。笔者打趣道：“你活得这么刚烈，一定是多年没有人疼你了”。说完这句话后，我们陷入了沉默，她压抑的受害者面具被我触动，许久之后她开始带着哭腔跟我倾诉她过去那些不开心的回忆。她之所以会和一个陌生人吵上一个小时，也是因为那个人的某句话触动了她的受害者面具。她在朋友们眼中一直是一个开朗的女孩子，大大咧咧、积极向上，因为她从来不向他人展示自己脆弱的一面，她压抑了内在的受害者面具。

有的人知道自己的痛点在哪，并努力去压抑；也有的人过于封闭自己的受害者面具，不知道自己的痛点在哪儿，所以当他们的受害者面具被触动时，他们会情绪失控，但是他们在意识层面却无法理解自己到底是怎么了。

3.4.4　冷漠的社会关系

我们对待内在的受害者面具的态度，决定了人际亲密度和柔软性。当我们无法对自己内在的受害者面具抱以温柔的态度时，我们对他人的苦难多半也是无动于衷，甚至还会嘲讽和攻击。

不良的教育模式和过快的生活节奏让多数人对自身的受害者面具不够友好，所以我们会发现在这个社会中人与人之间是很难亲密的，甚至是冷漠的。比如一个人要跳楼了，下面常常站着一大群人围观。他们当中很少有人能体会到跳楼者的伤痛，更多的人表现出起哄和嘲讽：

“你怎么还不跳？我们那么多人等你跳呢！

别耽搁我时间，我还要接孩子放学！

别作了，想死早就死了，还会在大庭广众之下搞这出！

……”

很明显，如果对他人的痛苦能产生共鸣和理解，没有人会讲出如此扭曲麻木的话。这些人对待他人的痛苦是如此的冷漠，我们不妨猜测他们是如何对待自己内在的受害者面具的。他们陷入低谷的时候，是否会嘲笑自己的脆弱，辱骂自己的无能？他们从小到大又是如何对待身边的人的？

在家庭里，一个孩子如果委屈哭泣，很多家长只会通过讲道理让孩子把负面情绪压下去：“不许哭，不许难过。”很多情侣之间、夫妻之间，亦是如此。我们只能通过讲道理去压抑和控制情绪。更有甚者，对方越是受伤，我们越是严厉地责备他们，残酷地攻击他们。

我们可以回顾一下，我们是如何对待自己内在的受害者面具的。我们给予自己足够的温柔、宽容、呵护了吗？我们是否会在失意时安慰自己、鼓励自己，还是越是受伤，越骂自己是废物、垃圾。

我们很多人对待自己内在的受害者面具时的态度是麻木且残酷，因此我们对待他人的苦难亦是如此。回归本源，我们对待自己的方式是习得于身边重要的人对待我们的方式。

每一个冷漠的人心里，都有一个被压抑的受害者。

3.5 工作和学习

3.5.1 注意力无法集中

相信大家都会有这样的体验，我们有时很想静下心来学习或者工作，但却总是难以集中注意力，并觉得莫名其妙的心烦意乱。我们往往非常善于用积极的念头去鼓励自己，但是效果往往不明显。这些莫名其妙的小情绪就是被压抑的受害者面具的表现。

我们都知道读书是为了自己，我们应该主动学习。但事实上很多时候我们在学习上是被迫的，我们有自己的学习方法和学习进度，但是被迫按照老师的方式去执行。另外，有时我们还会受到老师的误会和责骂，因此在学习中我们就会经常处于受害者状态。但是我们又会安慰自己“读书是为了自己”，将受害者面具压抑。

读书如此，工作亦如此，久而久之，不管我们做什么事都难以全身心投入，最终事倍功半。表面上看起来我们很积极，但事实上效率如何只有我们自己知道。只有我们认识到自己的受害者面具，才能摆脱它的影响。

3.5.2 无法做出正确的选择

近些年由于脑功能成像技术的进步，很多对特定脑功能损伤患者（与情绪相关）的研究都取得了很大进展。实验发现，在缺乏情绪参与的情况之下，人们没有办法做出合理的决定。一个缺乏情绪感受能力的人，没办法决定到底是要去听音乐会，还是先做工作，还是先去公园散步。我们只有在衡量这些不同事件激起的不同感受之后，才能做出合理的选择。

压抑受害者面具导致的情感隔离与上述的研究结果类似。一个不受欢迎的同学发出疑问：“为什么我那么乖、从不说错话、从不与人起冲突、总是为他人着想，但是大家却不喜欢跟我玩”。事实上缺乏感受受害者面具能力的人，在与他人互动时往往感受不到他人的情绪，所以只能说一些“正确无误”的话，而这些话恰恰给人一种“我们不是在同一个频道沟通”的感觉。

在职场上，压抑受害者面具更是一种常态。职场总是讲规则，而忽略个人的感受，因此职场总是给人很大的情绪压力。如果在讲规则的同时，稍稍能顾及一下对方的情感，或许很多事情的结果就完全不一样了。

过度压抑受害者面具的结果就是我们总是讲着“对”的话，却容易得到糟糕的结果。

3.5.3　物质成瘾

由于对受害者面具的极度排斥和压抑，一旦负面情绪出现时，过度压抑受害者面具的人往往难以承受，只想快点摆脱这种糟糕的感受。当难以依靠自身的力量时，他们就会想要依靠外界的力量来解决问题，容易对物质成瘾。

物质成瘾是指对狭义上的成瘾性物质，如毒品、酒精、烟草等，或其他可以改变精神状态的物质成瘾。这类成瘾往往更多地会被归结为生理上的成瘾，即一旦戒断就会产生严重的戒断反应，使成瘾者痛苦不堪。现如今，成瘾症状的戒断主要依靠药物和物理治疗，效果并不尽如人意。因为物质成瘾的本质是人们失去了对负面情绪的接受、体验和调节能力，而需要依赖外物去转移自身的注意力。这些物质成瘾者无法与自己的受害者面具相处，成瘾物质只是其逃避自己心灵的工具罢了。

3.6　自我调节

3.6.1　打破对成熟的刻板印象

在前文中，我们探讨了受害者面具的社会学意义，多愁善感的敏感性在社会中被赋予了太多负面的刻板印象。我们只有先反思这些刻板印象的含义，才能从中摆脱。

从某种意义上而言，大众对心理健康的定义其实是被严重歪曲的。现如今，大众认可的心理健康标准其实是一个美式推销员的形象：阳光外向、开朗健谈、有感染力、孜孜不倦、永不言败。与这个形象不符合的性格特质一度被认为是不达标，需要被改进和完善。笔者在工作中最常遇到以下这些求助。

“我的孩子性格太内向了，他是不是有自闭症？”

“我喜欢一个人待着，我的性格是不是有缺陷？”

“为什么我总是不开心？现在不愁吃不愁穿，我应该是开心的呀！”

“我总是焦虑，而且我很爱哭，哭起来没完没了，我是不是有病？”

笔者并不是认为阳光开朗的性格是不好的，笔者反对的是社会上只有美式推销员型的性格才能被认可的扭曲价值观。在这种价值观的引导之下，我们在极端排斥负面情绪的同时，也失去了理解和共情的能力，越来越远离人类的精神世界。

3.6.2 看到那个被锁起来的受害者

我们习惯用理性和讲道理的方式去压抑内在的受害者面具，原因是我们在成长过程中就是被这样对待的。在这个过程中，我们的痛苦和脆弱不被允许和安抚，而是被要求保持理性和克制。

当我们面对他人的痛苦和脆弱时，我们往往会以这样一句话开头："我说实话，你别生气。"（后面再加上一些教育对方的道理）我们明知道说了这些话对方肯定会生气，但是仿佛有一股力量在强迫着我们不得不说这样的话："我知道说这些话你会不高兴！我也知道这些话你大概是听不进去的！但是为了你好我还是要说！"

其实我们是在强迫性地重复我们自己的受害者面具被对待的经历，把对方带入了自己曾经的痛苦之中。我们往往会美化过去的回忆和家人的形象，忘记自己的痛苦，所以也会忽略当下对方正在遭受的痛苦。

想改变这种模式，我们首先要找回那个受害者面具被压抑的回忆，找回在那些回忆中我们体验到的委屈和痛苦，这样我们才能解开这种压抑，让自己重新变得柔和。

3.6.3 允许自己去依赖

压抑会导致心理能量累积，久了就会导致失控，这时人格面具便不受我们的控制而自主表达，我们的情绪就会莫名其妙崩溃。有的时候，人崩溃并不是因为一些生活中的大事，而是一些极其微小的事情，如车子无法启动、堵车、孩子动作慢等。对于驮着稻草前行的骆驼，我们看不出来它的危机，当它被最后一根稻草压倒的时候，我们才惊觉它背上承受了过多的压力。在生活中，多数人会责怪这根“稻草”，竟然把自己的内心弄崩溃了。其实是因为我们内在的受害者面具已经累积了太多能量，导致我们不堪重负了。

在帮助出现心理问题的家庭的过程中，笔者总是能发现一个很有趣的现象。这些出心理问题的家庭都有共同的特征：每个人都秉持着自己的情绪要自己负责的观念；每个人都把自己的受害者面具藏起来，努力表现出一副若无其事的样子。这样的家庭表面上风平浪静，但事实上其中的每个人的神经都紧绷着，不堪重负，某天意外出现的一根“稻草”会把整个家庭击垮。此时，每个家庭成员都抱怨着自己为了这个家忍受了多少委屈和痛苦，认为其他人不理解自己或没有作为，整个家庭陷入了相互抱怨的氛围之中。

在这些出现心理问题的家庭中，受害者面具是不允许存在的，一家人无法看到彼此脆弱的一面，因而不能真正相互理解和支持，只是维持表面的相安无事。我们都认为受害者面具会给他人造成困扰，于是我们努力压抑自己的受害者面具，也不允许他人的受害者面具出现。一旦家庭中的某位成员的受害者面具表现出来，其他家庭成员便马上开始讲道理，试图去开导劝解，或是通过讨论开心的话题转移注意力。但真正的目的是要求当事人马上把受害者面具收起来，“你这个样子显得很幼稚，很让人担心，很无理取闹，你不应该如此”。

从社会文化和家庭生活中，我们养成了逃避和否认受害者面具的习惯。当我们因为恐惧而逃避自身的苦难时，那些情绪和回忆并不会消失，它们只是被我们赶进心灵的地下室里，让其在那里酝酿力量。但那些苦难情绪都会在不远的将来，以更不可匹敌的姿态闯入我们的心房。

4 灵活驾驭的表现：灵动的我

4.1 情绪状态：喜悦

受害者面具的本质是我们内在的敏感性，用于接收环境的信息。只是负面情绪感受在我们的社会化过程中被赋予了更消极的含义，因此我们对其总是本能地排斥。负面情绪客观存在并有其特定的运行规律，人的主观意识如果不能遵守这一规律，以为自己的情绪是可以随意操控的，那么就会收获巨大的无力感和失败感。

负面情绪会过去，但是负面情绪产生的负面感受不会过去，它们会一直影响我们对自我的认知。人类对诸如幼稚、无能、脆弱、矫情等这一类外在表现产生的负面感受是无解的，因为我们无法回避负面情绪存在的客观现实。负面感受会变成沉甸甸的压力让我们身心俱疲，使我们在面对外界的压力时总是没办法根据情景做出合适的选择，显得僵硬而死板。

当我们能接受负面情绪的存在，并掌握其作用规律时，我们会发现负面情绪并没有那么可怕。当我们认识到自身的受害者面具能得到我们的保护时，我们开始变得有安全感。我们的自我状态就从敏感的我变成了灵动的我，此时敏感性带来的不再是难以忍受的痛苦，而是发自内心的喜悦。

我们总是怀念小时候的简单快乐，其实并不是因为小时候无忧无虑，而是小时候的负面情绪并没有产生那么多的负面感受和自我评价。我们的敏感性并不会因为羞耻而被压抑，真正的快乐源自我们怀着敏感与好奇对世界进行探索。我们探索清晨的鸟鸣、芬芳的花香、朦胧的晨雾、美味的食物，并在探索和玩乐中收获真正的喜悦。用一个充满本土文化色彩的词去概括，就是“赤子之心”。

4.2 自我

4.2.1 自尊水平

一方面，当我们可以驾驭受害者面具时，我们的自尊水平就非常稳定；当我们被受害者面具控制时，我们就会陷入强烈的负面情绪之中。此时，我们的自尊便会极度容易受伤，任何一点刺激就可能让我们进入自我否定，将自己贬低得一无是处。

另一方面，当我们可以驾驭受害者面具时，我们也不会因为压抑受害者面具而认为自己非常坚强且不受他人影响，连自己被刺激到情绪失控时，还无法认识到自己为何如此。

驾驭受害者面具可以让我们对自身的状态和情绪更敏感，也更包容。这样，我们的自尊便会维持在一个稳定的水平，不再容易受他人影响而产生波动。

4.2.2 核心自我认知

当受害者面具处于被驾驭状态时，我们的核心自我认知是“我是快乐的”。

我们会发现自己有更多的可能性，可以尝试各种不同的选择，而不是被很多“不得不”（我不得不保护自己，我不得不逃避，我不得不痛苦……）的选择束缚。我们可以向他人求助，我们也可以向自己求助；我们可以去安抚，也允许自己被安抚。这种轻松的感觉会让一个人显得非常有灵性，总是能从以更真诚的方式去感受这个世界，使我们不管遇到什么事情，总是欣喜地去期待和体验。

4.3 原生家庭

受害者总是伴随着痛苦无力的感受，我们会在成长过程中极力去避免自己陷入其中。优质的衣食住行条件、良好的人际关系、丰富的社会资源等，我们之所以努力追求这些东西，本质上是因为想让自己不再处于受害者状态。情绪作为一种生理功能总会不断地反复出现，很多时候我们的回避只是压抑，而压抑会带来失控。学会与情绪相处，让情绪得到表达，是调节情绪的唯一方法。

我们具有的承受内在受害者面具产生的负面情绪并与之相处的能力来自他人对我们的态度，而原生家庭又最有影响力。例如，当孩子处于受害者状态时，如果能得到父母的接纳和关爱，那么他们就会慢慢地学会驾驭内在的受害者面具；反之，如果父母以一种愤怒的方式去指责孩子应该对自己负责，孩子便在痛苦中学会压抑内在的受害者面具。

关爱程度更高的民主型和宠溺型父母对孩子的负面情绪有更多的接纳和保护，因此这些孩子的情绪更灵活，自我安抚能力更强。区别是民主型教养风格中因为还包含管教的部分，所以孩子会显得更加克制和有界限感；而宠溺型教养风格家庭中的孩子则会缺乏界限感，表现出更明显的以自我为中心。但是往往这种越界和以自我为中心是可爱的，容易让人产生亲切感。生活中，这类人好像自带主角光环，总是阳光灿烂，内心没什么阴暗面，一路上学习、工作都是顺风顺水，而且周围的人对他们都非常友善。

能良好地驾驭受害者面具的人容易激发他人的拯救者面具，从而获得他人额外的关爱。

4.4 人际关系

4.4.1 亲密

我们对受害者面具的驾驭能力决定了我们的共情能力，而共情能力决定了我们与他人的亲密关系。当他人无法理解和接纳我们过去的苦难时，我们肯定不会觉得与其特别亲近。当我们能够理解彼此当下的状态和感受，我们才会觉得彼此的关系是亲密的。我们会感觉往往童年时特别容易交到真心朋友，而随着年纪越来越大，我们好像也越来越难与人交心，总是感觉与他人有深深的隔阂。这是因为，在小时候我们还没有接受压抑受害者面具的教条，所以我们的受害者面具是自由的，我们想哭就哭，想笑就笑。于是人与人之间就很容易感受到亲近，建立信任感。而随着我们年纪越来越大，我们被社会驯化，逐渐学会压抑内在的受害者面具。此时，人与人之间变得客客气气、界限分明，凡事讲道理，好像是更文明了，但是心与心的距离却越来越远了。

有很多人向笔者抱怨，他们总是在朋友有困难的时候挺身而出，但是却没有一个人可以看到他们的眼泪和辛苦，在他们感到无助的时候，也没有一个人守护在他们身边。笔者解释道："这是因为你把自己的受害者面具掩饰得太好了，总是表现出很强大的样子，所以别人自然很难想到你也会有脆弱的时候。"

在亲密关系里压抑受害者面具的人，在遇到矛盾时，总是会争得面红耳赤，互不服输；在亲密关系里放纵受害者面具的人，又会像一个黑洞般索取无度。适当地表露自己内在的受害者面具，会让他人看到我们内心中柔软的部分，对我们心生怜惜，拉近关系。这是一种需要，"我现在很糟糕，我需要你陪陪我"。

面对指责，我们会反驳；面对哭诉，我们会烦躁；面对诚恳的需要，我们只想去尽力满足。

4.4.2　真诚

我们总说害人之心不可有，防人之心不可无，随着我们逐渐成长，自我保护似乎成了我们每个人的首要原则。所谓自我保护就是把自己的受害者面具与外界隔离开，让自己显得积极而强大。

我们在沟通中会小心翼翼，生怕自己的受害者面具被他人戳中，也怕自己戳中别人的受害者面具。一旦两人触及受害者面具这一部分，彼此的关系会迅速陷入尴尬。隔离受害者面具会导致我们的情感克制、压抑，人与人之间的人际距离会变得遥远。在这样的社会氛围里，沟通实在是一件困难又麻烦的事情，所以才有那么多"教你说话，教你做人"的培训班。这些培训班所教授的内容多数是如何把话说得冠冕堂皇，把事情做得滴水不漏。这些东西对于初入职场的人而言的确可以帮助他们快速适应社会，但是把这些“知识”连带着应用到所有人际关系里，就会导致我们的人际关系难以变得亲近。

因为这些话虽然非常正确，但非常不真诚。我们不敢表达自己的需要，也不敢发表自己的观点，只是尽可能说着不留下把柄的理性而又正确的话。最终的结果会是“我们很成熟，我们也很孤独”。

越是长久的关系越是需要真诚地维持，这需要我们对彼此的情绪和需要保持足够的敏感性，表达自己，倾听对方，照顾好自己，也照顾好对方。

4.4.3 幽默

幽默作为一项特质在人际关系里起着巨大作用，能在关键时刻化解矛盾，消除尴尬，好似雪中送炭；能在日常相处中提升好感，活跃气氛，好似锦上添花。同时，幽默对人的身心健康的影响力也非凡。但是人们对幽默有很大的误解，很容易把幽默跟恶俗玩笑、低俗趣味弄混。衡量幽默与否的一个最重要的标准是当事人是否心情愉悦，而不是强颜欢笑。

作为对话的发起人，假如我们的话语使一个人不舒服，那便不是幽默。所以我们需要对人性的基本痛点和他人的反应有一个敏锐的感应，即具有对受害者面具的敏感性。很多人对他人的痛点毫无觉察，或者说他知道那是痛点，但是他并不在乎对方会痛，他只是想逗大伙儿笑而已，这便不是幽默。

作为对话的接收者，应对他人出乎意料且有些过分的话语时，需要对自身内在的受害者面具有足够的驾驭能力。人与人之间做到相互理解并不是那么容易，总会有人有意或无意地戳到我们的痛点。如果我们不能明确地认识到在交谈中涌现而出的负面情感来自过去的回忆，而不是来自眼前的对话，那么我们便很容易与对方产生冲突。受害者面具一旦失控便会反过来控制我们，用再多的技巧，也不能挽回当下的局面。

当我们能驾驭内在的受害者面具时，再辅以一定的语言技巧，我们才能表现出幽默的一面。

4.5　工作和学习

4.5.1　以退为进

以退为进是传承至今的中国古老智慧。我们的目光并不只是注视在一件事情上，我们看到的是时间的长河，是过去彼此的支持，是未来彼此的可能，所以“退”可以被重新诠释为“进”。适当退让，可以换来对方的感恩、人情和更好的关系。同时，在他人眼里，这是高情商的表现，这会给我们的未来积攒更多的潜在资源。

以退为进，就意味着我们对自身的受害者面具有极强的驾驭能力。当我们退一步的时候，受害者面具会出现，我们会觉得委屈、不公平、自尊心被践踏；同时自然显露的受害者面具也让对方看到你做出让步后心里并不容易；最后又不会任由受害者面具失控，不给对方造成愧疚感或者道德绑架的感觉。

虽然听起来这是一个刻意的表演过程，但事实上这些反应都是人的自然反应。如果你觉得这是表演，说明你的受害者面具并不受你控制，所以你才需要去表演，而不是内心想法的自然流露：“我会有点不高兴，但我也会尊重你的意见，请你不要有心理负担，我不是一个那么容易受伤的人”。

4.5.2 稳定性

近些年“工匠精神”不断出现在我们的视野之中，我们尊重那些年复一年、日复一日坚持做好一件事的人。前文已经叙述了受害者面具对我们工作状态的影响，短暂的坚持可以靠压抑受害者面具隔离情绪，而长期的坚持需要的就是我们去驾驭内在的受害者面具。

这是一个信息爆炸的时代，全世界最好的生活方式都会通过网络展现在我们面前。而与他人比较时最容易发现自己的渺小和无知，从而激发内在的受害者面具。当我们处于受害者状态时，我们经常产生自我怀疑和否定，想要放弃。与物质世界的诱惑相对抗需要强大的内心，而具有强大内心的前提是我们可以驾驭内在的受害者面具。

5　本篇小结

通过对受害者面具的描述和剖析，我们会发现我们对受害者面具的驾驭能力就是情商，包括共情能力、亲密关系、自控能力、幽默等。受害者面具失控的人表现出明显的低情商，其不管是在人际方面，还是在自我方面，都存在严重的情绪问题。过度压抑受害者面具的人表现出明显的冷漠。一个人的情商，取决于其是否能够理解并驾驭内在的受害者面具。

希望读者可以更多地关注自己的受害者面具，给予自己更多的关爱。温柔是一种能力，只有我们能够对自己温柔，我们才能对别人温柔。

第二篇 愤怒的我

1 概述：迫害者面具

1.1 基本概念

迫害者面具是我们内心中比较有攻击性的部分，是我们内心中那个愤怒的我。我相信每个人都有这样的时刻：变得特别暴躁，看一切都不顺眼，想搞一场破坏。这样的状态是危险的，此时我们变得容易被激惹，时常因为一点莫名其妙的小事就与他人起冲突。而在与人起冲突时，我们的言行会变得偏激，但事后往往会追悔莫及，“我怎么会变成那样子！”虽然我们后悔得恨不得扇自己几个耳光，但是到了下次又会克制不住情绪并再次发脾气，形成一个恶性循环。

现如今，社会情绪调节类的课程有着很大的市场需求，人们都希望学会如何去调节自己的愤怒以及其他情绪，让自己以一个更好的状态去与外界合作，以便在文明社会里更好地生存。

1.2 进化学的视角

我们可以回忆一下自己某次情绪失控想攻击他人时的状态：呼吸变得急促，鼻孔扩张，以便吸入更多的氧气；饱含氧气的血液大量流入肌肉，给肌肉更多的能量；肌肉开始紧绷，变得更有爆发力；头脑一片空白，眼睛充血，除了想攻击眼前的那个人，再没有多余的理性残存。上述是我们大致能回忆起来的身体状态，当然还有更多我们觉察不到的内部器官、激素的活动。这些生理反应是我们愤怒的状态导致的，或者说是我们身体里原始的战斗本能导致的。

为何要战斗呢？首先，每一种生物都需要进食，这其中可能就包括了战斗和杀戮；其次，每一种生物都会有自己的领地意识，当自己的领地被侵犯时需要捍卫自己的生存空间，此时一场战斗必不可免；最后，在自然界，每种生物随时会遇到各种突发的危险，随时随地进入战斗状态会让其更有可能存活下来。

在战斗时，我们的身体会强化有助于战斗的功能，以增大我们的存活率，而与战斗无关的功能则会被暂时削弱甚至关闭，避免无谓的能量消耗。因此，当我们的愤怒上涌的时候，我们的理性会被削弱甚至消失，因为它们被我们的身体“自动关闭”了。

愤怒这一本能对于生命的延续而言至关重要，因而这一本能也一直被我们保留至今。当个体缺乏愤怒的能力时，其只能一味地逃跑，让出自己的生存资源，最终被其他生物淘汰。

1.3　历史的视角

虽然从生命诞生以来，愤怒一直有助于生物的生存，但是在现如今的社会，人类骨子里的这种战斗本能也的确给人们造成了很大的麻烦。

从有人类历史以来，战争与和平，就像日升月落般交替出现于人类的历史中。我们歌颂和平带来的安稳和幸福，痛斥战争带来的苦难和恐惧。历史是最好的老师，让人类对攻击性和暴力充满了恐惧。

但是我们又离不开迫害者面具。有一个很有趣的假设，A 和 B 两个国家如果想和平地相处和发展，它们都要接受一个观点："对方国家不敢来攻打我，这样我才能放心发展。对方为何不敢来攻呢？只有确保我的武力值可以高过对方，震慑对方。"所以两个国家被迫不断地把精力放到对军事力量的培养上，不断发展自己的迫害者的功能，从而形成一个恶性循环。最终结果就是两个国家发生战争，虽然它们的初衷都是为了更好地生存和发展。科幻小说《三体》中有一句话："失去人性，失去很多；失去兽性，失去一切。"

我们不能陷入迫害者的游戏，也不能失去迫害者的功能，我们只能去努力驯化它、掌控它。在驯服自身内在的迫害者面具的过程中，我们可能会用力过猛，导致过分压抑，从而完全失去力量和血性，并导致心理能量累积直至失控爆发，带来难以掌控的冲突和暴力；我们也可能会过分推崇迫害者面具的作用，导致社会规则重新回归弱肉强食的丛林法则。

1.4 社会学的视角

虽然主流意识形态都推崇爱与和平（Love & Peace），但是在现实大众的精神世界中，情况却大相径庭。相比较于本书第一篇中受害者面具对应的敏感性，迫害者面具所代表的攻击性在主流社会里一直是被鼓吹的精英特质。

这种攻击性会被跟阳刚、果断、强大联系到一起，成为人们进入社会后必须学会的本领。我们发现，不管是男性还是女性，只要是一个所谓社会精英，他们都会表现出果断干练、令人生畏的气质。而在学生时代，常见的少年领导力训练营、精英培训班也在开展这方面的培训。

由于不得要领，人们在努力变得强大，成为精英的过程中会有很多拙劣的模仿。男孩子努力证明自己具有男子气概的行为包括：言语上玩笑式的互相侮辱、身体上的攻击、粗俗鲁莽的对抗、抽烟酗酒等。他们任由自己的愤怒失控并去伤害他人，以证明自己的强大。我们难以说清楚这是他们被迫害者面具所控制，还是对迫害者面具采取一种放任纵容的态度。有些人则把迫害者面具发挥到极致，认为人性本恶，整个社会就像是弱肉强食的丛林世界。

相反，社会上的另一种观点认为攻击性是野蛮的象征，合作才是人类成功的基石。在秉承这种观点的社会中，所有的伦理道德都在努力地压抑人的攻击性，以保证团体的和谐稳定。于是在这样的文化中，个体的迫害者面具被压抑，人们变得温和无害，被驯化成为“一只只听话的小绵羊”。

我们需要摆脱迫害者面具压抑和失控的恶性循环，让迫害者面具成为一种可控的内在力量，帮助我们在生活中披荆斩棘，勇往直前。

2 失去控制的后果：野蛮的我

2.1 情绪

2.1.1 情绪状态

迫害者面具是大自然赋予我们的攻击天性，以往为了生存和自我保护，人类不得不去狩猎厮杀。虽然人类现在已进入文明社会，不必再像野兽一样茹毛饮血，但这部分的生物本能一直保留在我们的天性之中。迫害者面具的情绪基调是愤怒，而迫害者面具失控意味着我们的心灵仿佛回到了曾经弱肉强食的丛林世界，时刻准备战斗。

我们将迫害者面具处于失控状态的人称为“迫害者”。迫害者所处的自我状态是野蛮的我。易被激怒是迫害者的特点，由于信奉丛林法则，他们的内心世界草木皆兵，极其容易被激怒并做出过激反应。当身边发生不如意的事情时，愤怒是迫害者用来解决问题的方式。我们经常读到关于两拨人打架闹事的新闻，起因无非就是模棱两可、含义不明的一个眼神、一句话、一个动作，为此两拨人发生冲突，最后大打出手。

2.1.2 自我安抚

迫害者非常厌恶弱小和无能的感受，那意味着他们自己成了受害者。迫害者不想成为被人欺侮的弱者，于是他们就努力成为强者把所有人踩在脚下，把其他人变成受害者。不断变得更强，是迫害者自我安抚的方式。

迫害者缺乏自我安抚的能力和意愿，在情绪波动时他们更愿意去通过控制他人或改变环境来舒缓情绪。他们有极强的行动力，并且目的性非常强。负面情绪并不会阻碍他们，反而会成为他们的动力源。

2.2　自我

2.2.1　自尊水平

迫害者的自尊心和自信心非常强。他们时刻表现出一种狩猎者般的侵略性，给他人一种威胁感。同时他们的行动力非常强，仿佛有能力摧毁所有阻碍在他们前进道路上的障碍。在别人眼中，他们富有成功者的魅力，强大而自信。

迫害者的自尊不是基于道德伦理或是社会评价，而是基于“成王败寇”的处事原则。他们更在乎输赢，而非对错。他们不会为自己的不择手段而感到羞愧，但会因为最终结果没有成功而感到羞耻。

2.2.2　核心自我认知

迫害者的核心自我认知是“我是征服者”。在迫害者眼中，其所在的社会更像一个弱肉强食的丛林，自己是狮子，他人是与其竞争的其他掠食者，或是等着被捕猎的绵羊。他们认为：绵羊的价值观和评价并不能影响狮子，狮子要做的就是去掠夺和征服；或许他们的能力还不够强，但是那些比他们更强的个体只是更强壮、捕获难度更高的猎物而已。

2.3 原生家庭

2.3.1 权威型家庭教养风格

强盛的迫害者面具源自原生家庭中的过度管教，即低关爱、高管教的权威型家庭教养模式。当父母不关心孩子的感受，只跟孩子讲道理和规则时，父母扮演的就是迫害者的角色。当孩子适应不了权威型父母时，孩子的受害者面具就会因为不断受刺激而累积能量，最终处于失控状态；而适应良好的孩子会内化父母的价值观念和行为模式，即内化父母的迫害者面具，并压抑自己内在的受害者面具。

这一类孩子缺乏与他人感同身受的能力，对他人的苦难总是会冷嘲热讽。当他人陷入负面情绪时，他们内化的强盛的迫害者面具便会被激活，用他们曾经被对待的方式去对待同学，说出：“你哭有什么用?”“你怎么那么矫情?”“你除了哭还会点什么?”“有本事就找回场子，没本事就憋好情绪”……在嘲讽他人的苦难之余，他们也容易制造苦难。他们往往疾恶如仇，所以当他们发现同学具有某个缺陷时，往往会毫不留情地带领大家群起而攻之，甚至形成校园霸凌事件。当老师介入并询问他们排挤同学的原因时，他们往往抱怨该同学有多可恶，有毛病还不改，活该被排挤等。

同时他们也缺乏理解父母的能力。他们对父母的脆弱和敏感视而不见，总是指责父母的错误和缺点。家长总是疑惑，“我严格要求孩子是为他好，为什么孩子从来不懂得感恩?”其实孩子只是内化了家长强盛的迫害者面具罢了。很多父母会抱怨孩子，“现在你长大了，翅膀硬了，我打也打不过你了，道理也说不过你了，管不住你了”。显然父母们跟孩子建立关系的方式不是基于信任和理解，而是基于权利和暴力。处于这样的关系里，父母和孩子双方都没有得到滋养，父母是痛苦的，孩子也是痛苦的。

最终这样的孩子接受弱肉强食的丛林法则，成为迫害者去保护自己。

2.3.2　疏忽型家庭教养风格

疏忽型家庭中的孩子往往缺乏重要的关爱和管教，为了生存他们会形成一个严厉的迫害者面具来进行自我管教。当代 70 后、80 后的父母会拿自己与孩子比较，“我们的父母从来不管我们，除了读书我们还要放羊、割草、砍柴、干各种农活，我们是靠着自律和自强不息才有了现如今的成就；而你们这些孩子身在福中不知福，你们有这么好的环境却还不上进”。事实上，当外界提供的管教（来自迫害者）和关爱（来自拯救者）过于强烈时，孩子便会一直处于受害者的状态里，习惯被控制或是等待被爱。而疏忽型家庭中的孩子，必须做自己的拯救者，关爱自己；做自己的迫害者，管教自己。

由于这份自我管理缺乏温和的感情来调和，所以这类孩子在长大后，其内在的信念过于僵化和教条化，缺乏变通和感同身受的能力。他们的口头禅是“我这个人说话比较直接，你别介意”。事实上，他们知道自己说的话一定会让他人介意和受伤。因为他们爱自己、对自己负责的方式就是做自己的迫害者，那么他们爱他人、对他人负责的方式也会是做他人的迫害者。

2.4 人际关系

2.4.1 利益至上

由于信奉丛林法则，迫害者认为人与人之间的关系只是利益关系。他们没办法相信他人，总认为身边的人之所以选择自己是因为自己能给他人带来足够的利益，而只要有足够的利益，身边的人也会背叛自己。反过来，他们也会愿意为了足够的利益去牺牲朋友，并将这种心态称为成熟。很多迫害者会有这样一个观念，“什么感情都是虚的，只有钱才是最真实的！”

迫害者没办法相信他人，所以他们会用利益关系去绑定每一段关系，这才会让他们有安全感。他们难以享受人与人之间的信任和依赖，沉浸在自我强大的幻想中无法自拔。

2.4.2 以他人的恐惧为食

权利和利益关系，最基本的内容就是阶层感和恐惧感。迫害者总会把自己放在一个比他人高的位置上，营造一种距离感和压迫感，有可能是社会阶层或者工作职位先天带来的上下级关系，或是强行贬低他人而营造出的高高在上感。他们总是能有办法骑在他人的头顶上，让他人相信他们高人一等。

迫害者会设立一些条条框框，用惩罚激发他人的恐惧，训练他人的服从性。在人际关系里，我们很容易把这种服从理解成同伴之间的谦让或是爱人之间的包容，并希望对方能看到我们的心意。但事实上，我们的恐惧和服从会让迫害者变得更为强大，加深了他们对这一套手段的信心和崇拜。

迫害者很容易激发他人内心的受害者面具，很容易给人以强大的错觉。在现实层面表现为受害者一遇到他们就感到紧张心慌，产生莫名的恐惧，不知不觉就按照他们的指示去做了。但假如我们对自己内在的受害者面具驾驭自如，使之不被激发，那也就可以褪去迫害者强大的外壳，发现其也不过是一个普通人而已。

2.4.3 孤独感

迫害者相信人与人之间只存在基于利益的竞争关系和掠夺关系，没有永远的敌人或朋友，只有永远的利益。因此基于信任、理解、包容等美好品质的人际关系在他们眼中显得脆弱且幼稚。对他们而言，他们更愿意把信任、理解、包容当成一种实用的手段，用来更好地控制他们眼中的“绵羊”，来达成自己收割利益的目的。

因此迫害者无法表达自己的受害者面具，甚至不允许自己的受害者面具存在，那样脆弱无助的自己被他们所厌恶。因此他们没有办法依赖他人，也不允许他人看到自己的脆弱。孤独成了迫害者的归宿。

2.4.4 以爱之名的伤害

如果迫害者赤裸裸地把獠牙露在外面，我相信每个人都会远离他。但是一旦他们披上了爱的糖衣，那很多人就会深陷其中却不自知了。有些人活在这样的恐惧里，“如果不满足对方，我会被抛弃”。情感成了迫害者控制人的“软刀子”，抵在人心头上，伤人不见血。现如今社会的搭讪技巧（Pick-Up Artist，PUA）模式其实就是一个迫害者的思维模式。

在亲子关系里，迫害者父母口口声声说着为了孩子好，却下手狠毒，他们从未理解过孩子的内心世界。在亲密关系里，迫害者情人以爱之名，纵容着贪婪，相互伤害。在人际关系里，迫害者排斥异己，肆意攻击无辜的他人。最可怕的是迫害者看不到自己处于迫害者面具的控制中，并把自己对他人的伤害定义成：

“我是为了你好”；

“我是为了改变你的坏习惯”；

“我是因为爱你”；

“我是为了帮助你变得正常”；

……

最终，爱的定义被扭曲，大家都不再需要爱，也不再相信爱。

2.5 工作和学习

2.5.1 精致的利己主义者

随着全面深化改革与社会主义法治建设的不断深化，我国的法律、法规和社会规则不断完善，各种“潜规则”也在社会中逐渐消亡。现在进入社会的年轻人只要行事遵纪守法、努力工作，就可以获得一席之地安身立命，发展自己的生活，开拓自己的事业。

但是当年轻一代进入社会时，却还会时不时听到个别“过来人”给他们讲弱肉强食的社会丛林法则：“进入社会后一定要小心，人心隔肚皮，不要相信别人”。这些言论往往让年轻人非常反感，但是年轻人无论怎么反驳，最终只会得到一句“你还年轻，你不懂”，同时还有一抹故作高深的笑容。或许这些“过来人”曾经经历了一些创伤，或许他们见到了所谓的“社会黑暗”，但是他们很难用建设性的态度去积极应对，而是形成了错误的认知——这个社会是弱肉强食的丛林，其他人比我强就可以随意欺凌我，那么我变强了也就可以欺凌别人。

在这样的思想背景下，这些“过来人”就会成为一个精致的利己主义者，他们凡事三句话不离利益和钱财，并对他人缺乏基本的同理心和尊重。这些人往往自诩为遵纪守法的好公民，在伦理道德上却没有任何闪光点，甚至他们会将其他尊重道德的人视为虚伪或迂腐的人，肆意嘲讽。由于缺乏道德底线，他们在获取利益和财物时往往不择手段，甚至游走在法律的边缘。在他们之中，有些人深谙迫害者的威力，肆意使用手中的权力；有些人收受贿赂，以权谋私；有些人任人唯亲，打击异己，确保自己一直是权力的中心。

此外，西方的自由主义市场经济思维也为这些人中的一部分提供了思想庇护“我创造财富，促进了就业，带动了市场，我是大善人”。一些缺乏社会责任感的企业主的深层次的思想便是“这是一个丛林，我只要自己活下来就好，他人的死活与我无关”。所谓伦理道德，只是某种意义上这些人的很好用的工具罢了。

2.5.2 自虐式的自律

由于在成长过程中受到过分严厉的管教，迫害者往往非常自律。当自己表现不好时，他们往往会非常严厉地指责自己，将自己贬低得一无是处，甚至会惩罚自己，表现出扇自己耳光、将自己掐得淤青、绝食等行为。这种头悬梁锥刺股的狠劲儿的来源，就是其内在的迫害者面具。一开始，这个迫害者面具来自父母，然后他们逐渐将之内化成为自己的一部分。

随着岁月流逝，父母和孩子的心灵都会逐渐成长，权威型父母慢慢认识到了自己的不足，开始关爱孩子的情绪感受和身心健康，不再对孩子那么苛刻。可是孩子内心的迫害者面具已经成形，还是会不断鞭策自己。

2.6 自我调节

2.6.1 直面最初的创伤

为什么迫害者会有一个蕴含那么强大能量的迫害者面具呢?如果我们已经成为一个迫害者，往往是因为我们曾经遭受过巨大创伤，在那些事件中，我们首先是一个受害者。伴随受害者面具出现的委屈、无助、绝望等负面情绪让我们难以承受，为了强大起来并不再让自己面对这些情绪，最终我们选择向无法抵抗的迫害者认同，最终我们也成了迫害者。

为了掩盖回忆中的强烈痛苦，我们会激发出强大的迫害者面具，产生的情绪也会尤为强烈。这份强烈的情绪超越了单纯的愤怒，使我们变得尖锐刻薄。很多迫害者可能说话语气柔和，循循善诱，但是透露出来的思想却让人不寒而栗。那一份尖锐不仅仅指向外界，也指向他们自己，他们痛恨自己的脆弱！

由于迫害者面具的出现是为了保护自身的受害者面具，那么除非找到其他更合理的方式去保护脆弱的自己，单纯地去讨论怎么去控制愤怒并不会起到效果。因为迫害者面具的出现是一种自我保护的行为，真正易受伤害和刺激的是我们的受害者面具，“脆弱的我”召唤出来了“野蛮的我”。

首先我们要思考以下这些问题。

1）从什么时候起，我开始变成一个迫害者？

2）在那一个转折点，是什么样的事情给我留下了无法抹去的阴影？

3）如果我现在回忆起那个事件，我还会痛苦吗？

4）看到那个受伤的自己时，我能安抚他，保护他吗？

只有当我们能坦然面对那些让我们痛苦的回忆时，我们的心灵才能真正获得安宁，从愤怒和尖锐中获得解脱。

2.6.2 寻找自我保护的初心

迫害者面具的出现是为了自我保护，而不是为了伤害他人，我们只有在受到刺激和伤害时，才会进入战斗状态。下面请读者看一个案例。

陈威是一位 34 岁的酒精成瘾者，他难以克制自己喝酒的欲望，并且经常在喝酒之后大发脾气。虽然事后他会后悔，每次都想戒酒并好好改变自己的脾气，但是过不了多久，他又回到了之前糟糕的状态。

他主动来找笔者寻求心理帮助，想改变自己的状态。笔者了解到陈威是家里的独子，至今未婚且和父母住在一起。或许是因为他酗酒，或许是因为在父母眼中他是孩子永远不懂事，父母会在生活中无微不至地关照陈威。

“早点睡，明天早点起床，这么大的人了怎么还一点儿都不懂事！”

“你去别人家吃饭千万别喝酒，知道吗？你每次都要喝得烂醉跟人吵架！”

“你洗一下澡呀，我都看你好几天没洗澡了！人要爱干净！”

“那个工作你别去干，你肯定不行的，像你这么懒的人，吃不了苦的。”

“你能不能好好找份工作？没事儿多出去转转找找机会呀，整天窝在家里玩游戏像什么样！”

“整天在外面鬼混，你都多大的人了，心还静不下来好好成家。”

……

如果从理性的角度去看，我们每个人都知道陈威的父母虽然唠叨，但是这都是为了他好，也都会认为陈威要学会体谅父母，做好自己。但是如果各位读者也长期置身于那个场景之中，笔者相信读者中的很多人也会产生不耐烦和暴躁。因为父母不断地叮嘱甚至是唠叨侵犯了我们作为一个拥有独立人格的个体对自己生活的掌控感，此时我们就像自然界中被侵犯了领地的动物，我们内在的迫害者面具便会被自动激发，去捍卫自己，因此愤怒就会止不住地涌现出来。

但是人类与动物之间的本质区别便在于，人类可以合理地使用内在的力量，而不是被生物本能所驱使。由迫害者面具带来的力量感一方面可以帮助我们学会拒绝他人，树立边界；另一方面更重要的是，其可以用于自我鞭策，将破坏性的力量升华为建设性的力量，使我们塑造自己的行为习惯，让自己成为更优秀的人。愤怒的初心是" 我们要保护自己，强大自己"，只要铭记这一点，愤怒就会成为我们成长的助力。

2.6.3　注重场合与角色的转变

当面临激烈、残酷的社会竞争时，使用迫害者面具并保持必要的攻击性往往会让我们在社会上如鱼得水。只不过我们需要认识到的一点是我们有很多个社会角色，除了我们的职场身份，我们还是父亲（母亲）、丈夫（妻子）、哥哥（姐姐）、妹妹（弟弟）、子女、好朋友、兴趣爱好者、志愿者……当我们的角色发生转变时，我们要挖掘出不同的自我状态，让我们的人格变得丰富完善。

弱肉强食是真实存在的社会现象，但不是唯一真理。

3 过度压抑的后果：无力的我

3.1 情绪

3.1.1 情绪状态

⑴ 克制忍让

过度压抑迫害者面具的人会表现出一副特别平和的样子，像只无害的小绵羊。他们缺乏正常人该有的棱角，极端情况下甚至是缺乏个性。他们不想主动伤害任何人，总是希望大家都和和气气，不要有冲突和争执。哪怕遇到冲突，他们也更希望在家可以好好讲道理，哪怕气得全身发抖，他们也不会使用暴力，而是竭尽全力地控制自己的情绪。这样的人，往往连骂一句脏话都骂得不利索。这种克制带来的平静会让他们的情绪显得压抑而凝滞。

同时他们也特别敏感，总是会不停地反思："我是否无意间伤害到了他人？"如果他们觉得对他人造成了伤害，便会努力地想要补偿对方，哪怕对方其实觉得没什么关系。他们会把很多精力用于关照身边人的感受，并做好随时给予情感支持的准备。

⑵ 抑郁

过度压抑迫害者面具的人只能任由自己暴露在各种他人施加的压力和痛苦之中，活成一个受害者，这个时候他们便抑郁了。此时，他们不仅失去了抵御外界压力的能力，甚至也会认同外界的看法，自我否定，自我厌弃。因而，一些有心理疾病的人自残和自杀会与抑郁经常一起出现，这其中虽然有身体发泄情绪的需要，更多的是深深的自我厌弃。

3.1.2　自我安抚

过度压抑迫害者面具的人有较强的自我安抚能力和意愿。迫害者面具失控的人会通过控制他人、改变环境来安抚自己的情绪。一个人过度压抑迫害者面具会导致其自身缺乏对抗和竞争的力量，此时他们没办法改变他人和环境，只能改变自己，压抑自己的需要来顺应环境。

长期压抑自我感受，把注意力都投入外界，会使他们对自己越来越陌生。可能他们对别人的情绪和苦难非常敏感，但是对自己的状态却一无所知。因此，当自身出现情绪失控的状况时，他们往往只能强忍着。他们没有办法表达自己内心的感受，虽然内心已经风起云涌，但是这些情绪和感受却无法转换成语言。

一方面，他们不懂得如何表达自己，如何向他人求助。另一方面，他们也不愿意向他人求助，他们更喜欢自己默默消化情绪，而不想给他人造成烦恼和困扰。

3.2　自我

3.2.1　自尊水平

过度压抑迫害者面具的表现与受害者面具失控的表现有些类似，均是在人际关系里表现出自我压抑和讨好他人的样子。但区别在于受害者面具失控的人过于在乎自身的感受，活在自己的世界里；而过度压抑迫害者面具的人则过分地在乎他人的感受，而忽略了自我。

过度压抑迫害者面具的人的自我价值感并不强，对自己的情绪和感受没有给予足够的重视。他们的价值感更多地建立于对他人的帮助和支持，把他人的需求置于自己的需求之上。因此，他们也很容易被他人误会为虚伪或别有目的，但事实上他们只是对争斗和伤害极度敏感并排斥罢了。

3.2.2 核心自我认知

过度压抑迫害者面具的人其核心自我认知是："我是无力的。"他们更习惯于用道德规范和社会伦理去规劝他人遵守规则，而没有力量去跟他人或环境做正面的对抗，以捍卫自己的权益或理念。在他们的观念中，外界的人多是蛮不讲理的，如果能劝其改变最好，如若不能那便是没必要与这些"野蛮人"计较。他们的座右铭是"忍一时风平浪静，退一步海阔天空"。

3.3 原生家庭

3.3.1 权威型家庭教养风格

当我们在外界压力下处于受害者的体验之中时，正常的反应是与外界环境抗争，保护自己的感受，并做出一些建设性的改变。但是在权威型家庭中，这种自我保护不被允许。家长不允许孩子拒绝其对孩子的指责和否定，一旦孩子为自己辩护便被定性为狡辩、不懂事、知错不改，甚至大逆不道。因此，孩子必须把这些指责和否定全盘接受，独自默默承受，不管这些指责和否定有没有道理，是否正确。不仅仅是在权威型家庭中；甚至在社会上也流行这样一种价值观念："说你是为了你好！""在乎你才跟你讲这些！”“成熟的人要学会感恩！”

所以我们就会发现这样的现象：很多社会资源丰富、能力很强的父母，教出来的孩子反而不优秀，或是情绪问题严重，或是性格敏感脆弱。当父母的能力过于强大时，孩子就没办法反抗父母，甚至失去了反抗的意愿和能力，他们内在的迫害者面具就没有办法成长，一直处于受害者的角色中。

3.3.2　忽视型家庭教养风格

忽视型家庭的孩子极度害怕冲突的原因是不管他们是对是错，其家人往往并不会站在自己这边并成为自己的后盾。疏忽型家庭的家长对孩子的要求往往是“别出事”，不论是因为没有时间，没有精力，还是没有意愿，这些家长对其孩子最大的诉求就是“别让我操心”。在疏忽型家庭中，在孩子的世界里的“别出事、别让家长操心”等同于“不要惹麻烦、不要让他人不满意”，他们就会以一种偏讨好型的姿态与他人相处，一旦起了争执或冲突，退让往往成为他们的第一选择。但这种相处模式是不健康的，为了维持住这种与他人相处的模式，疏忽型家庭中的孩子就需要压抑内在的迫害者面具，放弃自己的界限感和力量。

3.3.3　宠爱型家庭教养风格

在宠爱型家庭中，家长有更为敏感的受害者面具去共情孩子，理解孩子的情绪感受；也有更为温和的拯救者面具去关爱孩子，包容和支持孩子的想法。家人之间互相尊重，互相关爱，创造了一个极为温馨的氛围，家长极少会用迫害者面具去管理和要求孩子。在这样的家庭中，孩子习得的也是去关爱自己的家人，而不是去要求和约束自己的家人。

但常言说“家家有本难念的经，清官难断家务事”。在复杂的家庭关系中不发生争吵，所需要的忍耐和包容能力对每个家庭成员都提出了很高的要求。每个家庭成员都要管理好自己的情绪，压抑内在的迫害者面具。此时，孩子内在的迫害者面具便会处于一个被压抑的状态，孩子不知道如何在一段关系里合理有效地使用迫害者面具。他们往往能很快与人建立关系，但也容易界限不清，导致自己过度卷入。

3.4 人际关系

3.4.1 缺乏魅力的老好人

过度压抑迫害者面具意味着没有棱角和攻击性，给人一种温和的感觉。虽然周围人对这类人赞不绝口，称赞他们的善良温暖，但是他们的社交范围其实并不会特别广。多数人喜欢他们的人品，却并不喜欢跟他们相处。

我们很多人对于人际关系的误区在于，我们以为只要不惹事，关心他人，心地善良，就可以成为一个受欢迎的人。但事实上，这样只会成为一个乖巧的“小透明”，虽然大家提起你都觉得你很不错，是个好人，但你参与团体活动的机会并不会太多，更多的时候会是一个“小透明”。

一个受欢迎的人，其多半是一个有界限、有原则，又不容易被激怒的人，但肯定不会是一个没有脾气的人。一方面，界限和原则需要力量去守护，而这种力量的源泉就是我们内在的迫害者面具。过度压抑迫害者面具的人往往缺乏力量，只会随波逐流，任人摆布。另一方面，我们又不会任由迫害者面具失控，给他人造成压力和恐慌。一个受欢迎的人，一定是一个给人以力量感和安全感的人。

3.4.2　乖巧妈宝男

这个社会上有这样一类老实的男人，从小到大从来没有出去鬼混过，大学毕业后连卡拉 OK 厅都没有去过；他们在大学里未谈过女朋友，毕业后认真工作，然后相亲、结婚、生子；他们每天按时上下班，不抱怨，不吵架，不吭声；对于任何事情，要么妈妈说了算，要么老婆说了算，他们一概没有意见。

他们的妈妈总是炫耀，自己教出了一个多么乖巧的宝贝儿子。

他们的老婆总是抱怨，自己嫁给了一个多么无趣的“木头脑袋”。

过度压抑迫害者面具的人，普遍都是由于父母“教育得好”，他们连叛逆期都没到，一直处于童年期的心智模式，成了爸妈手心里的宝。在婚前，“妈宝男”们接受母亲的照顾和管理；在婚后，他们对母亲的需要就转移到了妻子身上，妻子成为他们的另一个“母亲”。他们家庭中出现婆媳矛盾的主要原因在于其在家庭中缺乏足够的主见和协调能力，把所有的问题都抛给了亲生母亲和娶回家的“母亲”。他们的内心想法是“让她们自己吵去吧，我只要听吩咐就好了，这样责任就永远不在我这儿了”。

3.4.3 难以拒绝他人

我们肯定听过这类诉苦，某人侵犯了他的权益，而他没有办法拒绝。我们会告诉他：“你要学会拒绝呀！”他的回复往往透露着无奈：“我已经拒绝了很多遍了，但是没有用呀！他们还是会照样那么做！”

为什么拒绝会没有用呢？这不取决于表面上我们说了什么，而取决于我们是在使用哪种人格面具。笔者发现，很多人在拒绝他人的时候使用的是受害者面具，其外在状态是一副可怜兮兮的神态，软弱无力的语气，表现出希望被对方理解的渴望。如果对方侵犯我们的权益时使用的是迫害者面具，那么我们表现出的受害者面具只会更加刺激对方的迫害者面具，使其愈发肆无忌惮。

在拒绝他人无休止的侵犯时，我们需要使用内在的迫害者面具，展示出一种强硬的姿态：“如果你不马上停止，那么你就会有大麻烦了！”只有这样，我们才能激起他人的敬畏之心，从而保卫好自己的界限。

3.4.4 亲密关系里的被动冷漠

每个正常人都有自己的喜怒哀乐。越是亲密的伴侣关系中，我们越是渴望真诚地和对方分享自己内心世界中的情感。内心世界中的各种情绪会在伴侣的日常生活中交织在一起，形成那本“家家难念的经”。其中爱恨交织，命运与共，根本无法用简单的是非对错来判断和分辨每件事情，因此才有“清官难断家务事”这个俗语。

过度压抑迫害者面具的人，往往在他们的世界中缺乏愤怒这种情绪，他们永远都和人客客气气，相敬如宾。在人与人的日常相处中，具有这样性格的人会让他人感到很舒服，没有负担和压力。但是他们一旦进入亲密的伴侣关系中，这样的性格在其伴侣看来往往等同于“他/她没有真诚地向我开放自己”“他/她有一部分没有在我面前坦诚展现”“他/她没有把我放到心里”。

这种感觉在亲密的伴侣关系中是致命的，会产生基本的信任危机。过度压抑迫害者面具的人越是想掩饰被压抑的部分，其伴侣越是想要看到，因为其伴侣认为互相真诚是维持伴侣关系的前提。很多时候我们发现一对伴侣吵架，总是一方追，另一方逃。逃的一方心里叫苦连天，其只想两个人好好沟通，不想吵架；追的一方越追越气，因为其总是感受到不被在乎。笔者在和很多“追逐者”沟通时，他们的诉求往往不是想把架吵赢、把道理讲通，而只是希望对方可以回过头来正视自身的情绪并积极地回应，哪怕是吵一架也好，起码证明对方的情绪有了波动，有了活生生人的样子。

在亲密关系中，一方越是回避愤怒，反而越容易让另一方感受到一种冷漠。因此，我们应该允许愤怒的情绪存在，因为愤怒也在传递一些信息，如“我也很在乎”“我也很受伤”“我也需要被照顾”。在允许愤怒情绪存在的基础上，我们就可以加深彼此的了解和尊重，将人与人之间的关系变得更和谐。

3.4.5 潜在的家庭暴力者

如果有一天我们发现，某位每天乐呵呵、跟谁都不发生矛盾、做事任劳任怨、口碑良好的同事在下班回家后经常对他的妻子、孩子施暴。我们能接受这个事实吗？

这样的情况并不罕见，家暴分子除了那些一眼就能看出来的有暴力倾向的人之外，另一部分就是看起来和和气气的“老好人”了。他们平时压抑内在的迫害者面具，在社会上丝毫不敢表现出攻击性，所以在人际关系里他们会特别随和，好像什么都不计较。对待他人有意或无意的伤害他们也总是尽量一笑而过，打落牙齿往肚里吞。对于一些不合理的要求，他们也不会抱怨，并尽可能地去满足这些要求。在任何时候，他们敢怒不敢言。但当他们过度压抑的迫害者面具累积了强大的能量之后，就有可能爆发出来并发泄到妻子和孩子身上。

这些家暴分子也有不同的类型：一类是他们知道自己迫害者面具的存在，只是在公共场合有意地压抑，而在家中将情绪发泄到家人身上；另一类则属于情绪失控型，他们并不知道自己迫害者面具的存在，他们在多数时间里老实巴交、安分守己，他们往往觉察不到自己的迫害者面具在逐渐积累能量，甚至在暴发后，他们仍无法理解自己的情绪为什么会失控。正是他们长期忽视和压抑自己的迫害者面具，最终导致了其迫害者面具以一种失控的方式暴发，伤人伤己。

笔者见过许多人，他们说这辈子最大的遗憾就是把好脾气和耐心都给了无关紧要的人，而把坏脾气和不耐烦带给家人。正视自己的迫害者面具，并建设性地发挥其作用是我们每个人的必修课。

3.4.6　异化的愤怒、伤人的冲动

小威是一名高中二年级学生，他之前一直休学在家，没办法去学校继续完成学业，原因是他克制不住自己头脑中想要伤害同学 A 的冲动。家长带着小威来找笔者寻求心理咨询和治疗。

通过与小威进行深入的交流，笔者发现 A 是被班级里所有同学害怕的小霸王，A 身强力壮，且总是以自我为中心，行事肆无忌惮。小威是 A 的前桌和室友，且经常受到 A 的捉弄和霸凌。但是老实憨厚的小威不知道怎么抗拒 A 的行为，往往选择不吭声，置之不理。久而久之，小威一见到 A 就浑身不自在，四肢紧张，胸闷且呼吸困难。最终某一天小威头脑中突然出现了一个可怕的念头："杀死 A"。这个想法把小威自己都吓到了，连忙转移注意力试图打消这个念头，他告诫自己要专心学习、与同学友善相处。但是，这个可怕的念头在小威的脑海里却生根发芽，挥之不去。一见到 A，小威的脑海里就自动浮现出自己将 A 杀死的画面。最终，小威因为害怕自己会将这个可怕的念头付诸行动，而选择主动休学。

当一个人的界限受到侵犯时，其内在的迫害者面具就会被激活，并捍卫其秩序感。但小威从小接受的家庭教育是不要与人冲突、要和人和平相处。所以小威一直压抑着内在的迫害者面具，对其缺乏认识和驾驭的能力，当其迫害者面具不断受刺激并累积能量时，小威的主观意识无法觉察到这一过程。最终累积了过多能量的迫害者面具面临失控，愤怒异化为伤人的冲动。

在整个心理治疗的过程中，笔者工作的重点是与小威谈论 A 的“恶”，让小威正视自己对 A 的愤怒及长期处于忍让的状况。当小威的愤怒得到正视和承认，其迫害者面具的能量也就得到了宣泄，最终伤人的念头也消散了，他最终认识到要学会捍卫自己，拒绝他人不当的行为。

3.5 工作和学习

3.5.1 关键时刻掉链子

不管是学生群体，还是职场人员，关键时刻掉链子是一种很常见的现象，表现为一个人平时的表现还不错，但是一旦面临挑战和压力时，其心理就崩溃。这种让人惋惜的现象是因他们缺乏迫害者面具的力量。

我们来回顾一些关于进取的形容词：“咬咬牙”“紧握拳头”“拼一把”“干到底”“不屈不挠”……我们会发现这些词充满了力量，是一种积极的愤怒情绪。而我们一直接受的教育是让我们控制愤怒、抑制愤怒、远离愤怒。但是，当我们不去接触愤怒，谈之色变时，我们就永远无法拥有利用愤怒的力量。

所以我们会发现，在关键时刻掉链子的人往往都是平时特别乖巧平和的，他们缺乏个性的棱角，事实上他们缺乏的是使用内在迫害者面具的能力。而往往在关键时刻超水平发挥的人，他们内心充满了力量，而这种力量源自他们内在的迫害者面具。也恰恰因为这种力量，那些能正常发挥，甚至能超水平发挥的人平时并不是逆来顺受、勉强迁就、以求保全的人，他们都有着鲜明和独特的魄力。当前，这部分人可能是社会中的少数，在成长的路上会遇到更多的坎坷。

70 后、80 后往往会有这样的感慨：当初读书时候班里的不少“差生”却取得了不小的成绩。实际上，那些所谓的“差生”越是遭受不公平的待遇越是奋起反抗，他们内在的迫害者面具越是强大。一路走来，他们有足够的机会慢慢去驯化内心的猛兽，将其化为自己的力量。

3.5.2　无挑战性的工作

过度压抑迫害者面具的人会缺乏竞争的力量，他们更适合做一些重复性的体力劳动，不需要与人竞争，只完成任务即可。如若工作内容涉及与他人竞争，他们便容易焦虑万分，寸步难行。

他们也不适合做管理类工作，因为他们缺乏清晰的界限，很难去保证制度的实施，难以承受员工的抱怨和指责。

他们工作的目的更多的是养家糊口，谋一份生计，而不是成就一番事业，实现自我。

3.5.3　自责、自残、自杀

自残、自杀是对自己身体的伤害，自责是对自己心灵的伤害，两者的共同特征是对自己使用迫害者面具。迫害者面具由于长期压抑过度无法对外释放，最终转向自身，对自己形成强烈的愤怒。

自责的人不一定会自伤，甚至部分人还能化自责为力量，通过自责来促使自己进步。当我们在责备时，不管是责备他人还是责备自己，我们都在使用迫害者面具，在不断使用中，我们逐渐学会驾驭内在的迫害者面具。适当的自我责备有助于个人成长，只是在生活中这种责备很可能因为获益而被滥用，此时我们的迫害者面具因为过度使用而处于失控状态。

自残的人也是如此，他们内在的迫害者面具处于失控状态，并选择伤害自己。但是他们的这种失控状态是由于极度压抑迫害者面具导致的，因而缺乏调节和驾驭的能力。他们难以使用愤怒去捍卫自己的界限或者管理自己，而表现为一种极端尖锐的愤怒，或是伤害他人，或是伤害自己。可以说，逃避愤怒的人，最终被愤怒所伤。

3.6 自我调节

3.6.1 树立自身与这个世界的边界

亚仁是一个舞蹈专业的硕士，32 岁的他身材修长，笑容迷人。他在一所私立学校当舞蹈老师，同时作为带头人在当地发起了一项市级的全民舞蹈健身公益项目，希望可以培养大众对舞蹈的兴趣和对生命的热爱。

他前来寻求帮助的原因是长期的抑郁状态和无力感。他希望自己考上博士研究生，于是把自己关在家里认真复习，却经常一个字都看不进去。他硕士研究生毕业已经 6 年了，期间换了很多个工作，高不成低不就。他始终在考博还是发展事业之间徘徊，最终一事无成。他不知道自己该如何选择。

笔者详细了解了他的家庭，发现他的父亲是一名医生，考博是父亲对他的要求，不容抗拒。他在初中时就被父亲从农村老家送到北京读私立学校，父亲唯一的期望就是他可以好好读书，光宗耀祖。为了让他专心考博，他父亲给他安排了一份清闲的工作，让他边工边读，他的工资只够付得起房租，生活费还需要父亲补贴。他热爱的舞蹈在父亲眼里是“女孩子的玩意儿”“难登大雅之堂”。他父亲总是训斥他：“我把你养这么大，供你吃，供你读书，你就要好好听话，给我争一口气！都 30 多岁的人了连自己都养不活，还要我供着，你有什么用！还不给我认真一点好好读书！”

面对暴怒的父亲，亚仁不会觉得他生活在父亲的控制之中是一件不对劲的事儿。他把自己对父亲控制的反抗和愤怒解释成因幼稚导致的情绪控制问题。他反而觉得一切都是自己的错，对不起父母的养育之恩，愈发觉得自己一事无成。

笔者告诉亚仁：“舞蹈演员在跳舞时，会使用各种道具作为身体的延展以更好地传递情感，如果把你的父亲比作一个舞蹈演员的话，那么你就是他手上的一个道具，是他个人意志的延展。你现在遇到的困难是你想成为一个有独立人格的人，而你的父亲和潜意识中的你更希望你是一个没有思想的道具。你需要的是在和父亲的关系中找到一条界线，让自己成为自己。”

只有明确自身与这个世界的边界，人才能发展成一个人格独立的个体。而寻找界线的能力就蕴藏在我们的愤怒之中，需要基于我们内在的迫害者面具。

3.6.2 改进教育理念

我们知道迫害者面具存在的目的是自我保护、捍卫界限、征服环境，因此当我们的迫害者面具被激发时，应该有一个明确的刺激源，如果我们能针对刺激源去解决问题，那么愤怒的状态就会过去。但我们现在很多人难以理解自己的迫害者面具为什么会出现，多数人向笔者咨询的问题是："我不知道怎么了，突然就变得很烦躁，很想摔东西，我该怎么去调节我的情绪？"当笔者试图引导他们梳理自己的情绪，探寻背后的根源时，他们的回答往往是："没必要谈这些过去的事儿，我只想知道怎么去调节我的情绪！"

为什么我们不知道自己的内心发生了什么，甚至对我们的内心状态漠不关心，缺乏一丁点的好奇？因为从小到大，社会和家庭也不在乎我们的内心发生了什么。目前，家庭和学校的教育时常呈现出一种分裂：一方面，我们要把所有的资源和关注都给予孩子，孩子们的一举一动都受到了空前的重视；另一方面，我们对孩子和内心世界的关注却少之又少。当孩子的心理出现障碍时，家长们常常陷入不解："我们这一代人小时候从来没有得到过这么多的关注和这么好的资源，这种条件下我们都能健康成长，怎么现在的孩子在老师和家长如此关注的情况下还这么脆弱呢？他们到底怎么了？"

在快速的生活节奏中，家长们忙于生计，老师们在完成繁杂的教学任务的同时还要管理大量的学生。因此多数家长和老师对孩子的基本要求就变成了“听话、顺从、不惹事”。在这种情况下，当孩子需要去使用自己的力量去克服困难时，其身边的人总是过快地进行管教或给予帮助，让孩子没有机会锻炼自己的能力。此时就形成了一个恶性循环，随着孩子年龄的成长，其内在能力和力量并没有相应地增长，但生活中遇到的挑战和压力却直线上升，孩子表现出的不适应又引起身边人的过度干预和焦虑。最终的结果就是孩子内在的力量和年龄不匹配。

成长是克服并通过一个个难关的过程，从第一关起就应该让孩子自己去挑战，家长和老师要做的就是在旁边给予耐心的陪伴和积极的鼓励，这是孩子得到锻炼并驾驭内在力量的历程。

3.6.3 参与体育竞技活动

奥林匹克运动会最早源于古希腊时期，那里的人们希望将战争转换为运动竞技的方式，呼吁爱与和平。体育竞技是人类攻击性的升华，让人类的力量之美在规则内尽情绽放。我们总说军人和运动员总是会给人一种莫名的压迫感，他们身手矫捷、动作迅速、充满行动力，这便是因为长期的训练让他们的迫害者面具得到了很好的开发。

我们在竞技中需要让自己的身体进入战斗状态，肌肉紧绷，意志激昂。同时我们的体育竞技虽然是在斗争，但最终目的却是积极的，因此培养出的迫害者面具并不会带上极端的攻击性，而是显示出一种阳刚健康的力量。

一项积极心理学的研究显示，每周 3 次以上的持续半个小时以上的有氧运动对身体和情绪的正面影响比每天服用抗抑郁药物还要有效。因此，我们需要合理地培养迫害者面具，以便更有力量去掌控自己的生活。

4　灵活驾驭的表现：强大的我

4.1　情绪状态：自信

迫害者面具本质上是我们攻击性的来源，它为我们的生存提供强力的保护。只是这种攻击性在我们进入社会后受到了束缚和歪曲，站到了生物性和社会性的对立面，而不是三者互相协调合作。

在面对让我们产生痛苦体验的事件时，一直以来的教育告诉我们，我们需要先去反思自己哪里错了，甚至哪怕自己没错，但是出于自我成长的需要还是要去思考自己哪里做得还不够好。用理性去压抑愤怒是一个成年人的自我修养。虽然长期过度压抑愤怒会导致情绪变成一枚不定时炸弹，随时可能爆炸，但我们会发现情绪的强度和当时事件的严重程度完全不成正比。我们可能会因为一件很小的事说出伤人的话，做出后悔莫及的事情。此时我们吸取的教训是“愤怒真的是太可怕了，我一定要好好去控制”。因此这就会形成一个压抑和失控的恶性循环，我们或是过度无力，或是过度暴戾。

灵活驾驭迫害者面具意味着我们可以将生物本能和社会性结合起来，自如地使用自己内心的力量。我们不再对愤怒的情绪感到恐惧，当我们需要去保护自己时，可以根据不同情境去合理地使用内在的迫害者面具的力量。有了自我保护的意愿和能力，我们的受害者面具才能真正地感受到安全。此时，我们的内心就会散发出一股力量，“不管出任何事情，我都会保护好我自己！”

4.2 自我

4.2.1 自尊水平

当我们拥有随时去保护自己的意愿和能力时，我们的自尊心才会稳定。迫害者面具失控的人会表现出过高的自尊心，因为他们不允许自己受伤。而这份过高的自尊心其实非常容易被打击，因为世界并不会围绕着我们转，也总有人比我们更有能力。过度压抑迫害者面具的人会表现出过低的自尊心，完全不在乎自己的感受，无法保护自己。

只有能感受到内在的力量，我们才能维持强大而稳定的自尊心，不管未来会发生什么，我们都会凭借自己的力量去应对！

4.2.2 核心自我认识

当我们可以灵活驾驭迫害者面具时，我们的核心自我认识是“我是有力量的，我可以选择使用迫害者面具的力量去捍卫自己，我也可以选择收敛迫害者面具的力量去尊重他人，如何选择取决于我对个人状态和外在形势的判断”。

越是无力感比较强的人越喜欢用虚张声势展现自己的力量；而发自内心感受到自己力量的人，才能合理地使用自己的力量。

4.3 原生家庭

孩子使用迫害者面具的能力取决于他们在接受父母管教的过程之中是否得到了好的感受。

使用迫害者面具（管教程度高）的家庭教养风格有权威型和民主型。在权威型家庭中，父母展现出过多的迫害者面具，给孩子带来的更多的是痛苦的体验。孩子为了缓解这份痛苦会有不同的表现：或是选择压抑，否认迫害者面具带来的好处，把自己所有的痛苦都归咎于父母的严厉管控；或是选择认同，夸大迫害者面具带来的好处，并学会用迫害者面具去应对发生在自己身上的事情。

在民主型家庭中，因为存在拯救者面具的协调，父母管教孩子时使用的迫害者面具并不会给孩子带来灾难性的感受，而孩子能从管教中慢慢体会到自身的成长。借助家长有界限的爱、有温度的管教，孩子完成了一个从他律到自律的过程。孩子也会相信，自己使用迫害者面具的力量时，虽然会给关系带来一定的压力，但是最终结果会朝向一个好的方向发展。这种由亲身体验而形成的信念可以帮助个体更好地接受、使用、驾驭内在的迫害者面具。

4.4　人际关系

4.4.1　界限感

作为一个社会性生物，如何保持与他人和环境的界限一直是成长过程中的一个大课题。保持界限从拒绝他人的要求开始。在成长过程中，我们接受了很多公而忘私、先人后己、舍己为人的教育，这些都是我国的传统美德，但这并不代表着不能拒绝不合理的要求。

莉莉在一所寄宿学校读初二，她前来寻求心理帮助的原因是她的室友随意使用她的生活用品，吃她的零食。她认为自己的床是她的私人领地，不想被任何人侵入，而室友总是很随意地坐到她床上。她说自己拒绝了很多遍却没有任何效果，室友依旧我行我素。

笔者相信很多人都有同莉莉类似的经历，努力想拒绝他人却收获甚微。笔者了解到莉莉在拒绝室友时处于受害者状态，总是带着受伤和委屈的情绪并希望激发室友的拯救者面具，理解她的感受。但往往莉莉的这种表现只会激发起室友的迫害者面具，会愈加肆无忌惮。当界限受到侵犯时，莉莉没办法自然而然地愤怒并使用内在的迫害者面具的力量，因此她的拒绝也会软弱无力，难以保护自己的界限。

莉莉害怕拒绝他人会导致更严重的矛盾和争吵，事实上这种互相激惹的坏结果是源自平时过度压抑迫害者面具而累积的愤怒，而不是自然而然流露出的正常愤怒。合理地使用迫害者面具的力量而不是压抑或失控，可以在不伤害他人的同时实现自我保护，让人际关系更加健康。

4.4.2 威严和庄重感

失控的迫害者面具给人的感觉是疯狂和恐惧，但是可被灵活驾驭的迫害者面具给人的感觉却是威严和庄重。其中一个很明显的对比是，一个是流于表面的张牙舞爪，另一个是隐而不发的自信沉着。

很多领导虽然和颜悦色，但是周围人对他却心悦诚服，发自内心地尊重他。这便是因为这些领导内在拥有迫害者的力量，这种力量不需要使用出来，却能潜移默化地感染他人。这也是为什么偶像剧里的霸道总裁们虽然总是板着一张脸，尽可能表现得冷酷，但是往往被吐槽“扑克脸（Poke Face）”“演技差”，这便是因为他们的迫害者面具流于表面，不在内心。

如果我们希望自己看起来更有气势，可以试着去调动内在的迫害者面具的力量，形成一种蓄势待发的隐隐的愤怒。“心有猛虎，细嗅蔷薇”这句话就是最好的写照。

4.5 工作和学习

4.5.1 纪律严明

遵守纪律并不是一个令人感到舒适的过程，可能会违背我们的生物习性和内心感受。但纪律和规矩又是人类文明的基石，没有规矩，不成方圆。所以想让人走出自己的舒适区并遵守规矩，需要一股强大的力量。迫害者面具就是我们内心力量的来源。

不管做任何事情，我们都需要一股力量来监督自己。很多学生高考后进入大学就松懈了，便是因为他们内心缺乏迫害者面具的力量。在我们传统的教育模式中，父母总是扮演那个迫害者的角色，去管理和控制孩子，孩子只是认为自己是受害者，并尽量在夹缝中寻找一份轻松和逃避。等孩子进入大学，外界的迫害者不在了，而内心的迫害者面具又因为父母的抑制而软弱无比，所以他们就失去了自控能力。孩子们更喜欢的还是那个一直督促自己努力的自己，哪怕是在他人的管教下苦不堪言。

4.5.2 意志力

一个人想要成长和进步，必须有一股不达目的誓不罢休的狠劲，不论是对自己狠，还是对他人狠。狠劲，同样是内在的迫害者面具给予我们的力量。

“攥紧拳头”“咬紧牙关”“拼尽全力”“不屈不挠”这些词形容的不就是迫害者状态吗？我们在战斗的时候，身体和心理的反应就是这样的。同样，这些词也被用于形容一个人积极进取、奋发图强的样子。我们总是下意识地把学业、事业、人生形容成一个个战场，安慰朋友“你不是一个人在战斗”，鼓励团队攻克一个个难关。

在生活中，如果想要前行，我们必须像战士一样去战斗。我们需要和内在的迫害者面具进行沟通，激发自己的攻击性，这种攻击性不仅仅用于保护，还用于进取。

4.5.3 社会精英

迫害者面具是我们内在力量的来源，这种力量既可以用于保护，也可以用于进取。因此能够灵活驾驭迫害者面具的人，多半是特别有能力的人，属于精英阶层。他们界限清晰，思路明确，不屈不挠，让人感觉强大而可靠。这便是灵活驾驭内心的迫害者面具所带来的力量。在职场竞争中，我们可以调动内在的迫害者面具的力量去捍卫自己的劳动成果，获取更多的资源；但是我们不能被迫害者面具所控制为了“成功”而不择手段，我们要在竞争之余保留一份人文的情怀。

驾驭只是一种美好的理念，我们在生活中遇到的更多的是迫害者面具失控的人。他们虽然表现出精英的样子，但是他们总是有意或无意地制造痛苦，给人以压迫感。但是我们不能因此而害怕或者拒绝迫害者面具的力量，我们拒绝它并不代表它不存在，这样反而会使我们陷入压抑和失控的恶性循环。

5 本篇小结

受害者面具决定了我们的情商，而迫害者面具决定了我们的力量。过度压抑迫害者面具带来的负面影响是一个人失去内在的力量，并且压抑自己的真实感受，同时可能会带来失控，让我们做出伤人伤己、后悔莫及的事情。这便会形成一个恶性循环，让我们不知所措。

历史教会了我们如何去避免有危险的情况发生，迫害者作为一个负面形象一直为大众所深恶痛绝。我们没有发现，当我们把迫害者面具锁进牢笼的时候，一个人也失去了成长的力量。或许相比于个体是否能成长，在大众眼中，集体的安全感更加重要吧。

中国的武道精神是侠，对待内在的迫害者面具时我们要去正视它、训练它、驾驭它。虽然在现实社会中，我们不靠以暴制暴执行正义，但是我们可以成为精神世界中的一个侠客，让迫害者面具成为我们的内在的力量源泉，去保护重要的人，过想过的生活。在我们尽情地享受这个世界的美好之前，请不要被受害者面具控制；所谓犯而不校、吃亏是福，在有些时候只是受害者的自我安慰而已。

第三篇 求生的我

1　概述：拯救者面具

1.1　基本概念

拯救者面具，顾名思义是我们内心中积极向上的一面。我们总是说要爱自己，其实就是激发我们内在的拯救者面具去对待自己。当我们使用拯救者面具时，我们的内心会变得温柔、积极，此时我们才能真正地关爱自己和他人。当我们的拯救者面具出了问题难以被我们使用时，我们就会变得消极绝望。

1.2　进化的视角

从进化心理学的视角去看，生物的身体只是基因的载体，生物体繁衍后代其实是为了复制基因，心理是基因为了与环境交换信息以更好地让身体存活而发展出的功能。而求生性就是基因赋予身体的一种本能。敏感性使我们能接收环境的信息，求生性则指引我们做出合理的反应。

我们每个人都有求生的本能，如饿了会找食物，冷了会避寒，遇到危险会战斗或者逃跑。饿、冷、危险等威胁我们生存的感受信息由受害者面具接收，并由拯救者面具做出反应，实施寻找食物、躲避寒冷、解决危机等行为。

情绪在这个过程中扮演着类似温度计刻度的作用，如身体中能量的匮乏程度会转换为与饥饿感相关的痛苦程度，身体越缺乏能量我们感受到的痛苦就越强。我们吃到食物，饥饿感就会降低，同时我们会体会到满足感和愉悦感。通常我们吃到的食物能量（热量）越高，所体验到的愉悦感就会越强，这一本能从远古一直延续至今，这就是为什么糖、甜点、奶茶、炸鸡会让我们觉得特别美味，吃完之后连心情都变好了，因为我们的身体里有这样一套已经进化百万年的奖励机制。当我们的胃逐渐被填满，愉悦感开始降低；如果我们吃撑了，反而会产生痛苦的饱胀感，提示我们停止进食。

受害者面具接收负面情绪的信息，并激活我们的拯救者面具，进而采取行动，而积极情绪是对行动的奖励和强化。趋乐避苦是每个人的生存本能，只是在从痛苦到愉悦的过程中我们体验到的是焦虑感，在问题被真正解决之前，我们的身体会源源不断地制造焦虑感，提醒我们快点采取行动解决问题。

与此同时，与他人亲近也是我们的本能。独立与亲和是我们的两种基本需要，亲和带来安全、放松、愉悦的感觉，独立带来探索、成长和强大，两者是互补的。但人们往往把这两者对立起来，把与人亲和、对人依恋视为独立的阻碍，过度追求独立反而让我们失去了与他人亲和的能力，这会将自己变成一座孤岛。

拯救者面具的本源就是这样一种基于生存和亲和的焦虑感，只有在经历后天的学习和升华后，拯救者面具才会变成期待中的样子，温柔、积极、包容。

1.3　社会的视角

爱与和平是世界的主流价值取向，我们每个人都希望自己成为善良、温暖、包容、坚强的人，挖掘自己内在的拯救者面具。

但是我们发现自己期待的拯救者的样子只存在于幻想和传说之中，在现实生活里极难找到真实的案例。

我们都知道父母本能地爱着自己的孩子，尤其是中国的父母，他们愿意为了孩子牺牲自己的一切。但是在很多时候，我们发现父母的角色却是迫害者。父母不理解孩子内心的想法，也不尊重孩子的感受，经常以爱的名义责打、辱骂孩子。父母在这么做的时候，一定会加上一句“我这是为了你好，等你以后长大了你就懂了！”很多孩子以为这就是爱，于是他们也学着父母用愤怒和尖锐去表达爱意；也有孩子觉得这根本不是爱，于是他们陷入了深深的绝望。

这是因为在多数时候，我们的拯救者面具都处于一个原始的求生模式。而现如今，社会网络让所有人都有机会展示自己的生活。在互联网时代，很多美好、多彩的“精致生活”被设计出来并在社交媒体上展示，或直播带货或吸引流量，这一行为催生出一种特定的职业——网红主播。一个个专业团队耗时耗力设计出的“精致生活”占据了我们的视野，让很多缺乏判断力的人误以为好的生活本该如此。与那些展示的精致生活相比，我们很容易就会发现自己的生活是如此普通。虽然多数中国人已经摆脱了缺乏食物的局面，按理说生存焦虑应该降低才对。这种以“精致生活”为卖点的消费主义给部分家长和孩子制造了一种恐慌：“我的生活很糟糕，到处都是有钱人，活的好的标志就是具备更强的消费能力”。于是这些父母为了确保孩子在未来有一个“好”的未来，会用一种过度严厉的方式督促和要求孩子，他们坚定地认为如果不这样的话自己的孩子就会落后于他人。他们自认为会成为孩子的拯救者，却无意中成了孩子的迫害者。父母表达爱的方式更多的是求生模式，而不是关怀模式。这导致多数孩子在成长过程中成为一个严重的受害者，并从父母那儿习得了如何做一个迫害者，却不懂如何做一个真正的，有能力去爱的拯救者。

我们感受到的拯救者面具都处于一个原始的求生模式，这个现实的确让人沮丧。很多人难以接受这个现实，于是在心灵层面我们愈发渴望那个理想中温暖且积极的拯救者。有人开始欺骗自己，认为父母就是理想化的拯救者，将与父母相处过程中遇到的痛苦和矛盾归为自己的错误，以为这样就能保持拯救者的纯粹性。只是这样背负所有的错误要付出极大的代价，此时我们内在的拯救者面具就没有办法被展示和培育，最终我们的自我状态就变成了脆弱的我。

另一部分人接受了这一现实，“为了你的理想去改变吧！”

（Be the change you want to see!）他们决定自己去扮演理想化的拯救者。但这会导致另一个层面的拯救者面具失控的现象，即过度泛滥的拯救者情节，如某些所谓的“圣母情结”、动物保护协会对动物的过度共情、部分信徒对放生的痴迷。我们受控于拯救者面具时会变得狂热，失去理性，反而造成了更多问题。

只有我们接收了爱，接受了理性和文明的熏陶，我们内在的拯救者面具才会茁壮成长，变得健康、积极、有建设性力量。

2 失去控制的后果：焦虑的我

2.1 情绪

2.1.1 情绪状态

拯救者面具失控意味着我们被原始的求生本能所控制，此时我们的自我状态是“焦虑的我”。我们将拯救者面具失控的人简称为“拯救者”，其典型形象就是中国式的“老好人”，一生都在操劳，永远闲不下来。他们的情绪状态看起来非常积极，随时愿意为他人提供情感支持、物质支持甚至是人生建议，但这种积极而强烈的情绪往往充斥着一种不切实际的狂热，生活中那些麻烦的问题和深刻的苦难在他们那里都被轻描淡写，仿佛只要积极面对就可以解决一切问题。

这种狂热的积极情绪本质上是一种生存焦虑，趋乐避苦的本能让他们排斥受害者面具所带来的情绪体验，希望问题马上得到解决，让痛苦转换为快乐。在这种焦虑的推动下，他们试图给予他人温暖关怀的行为往往容易弄巧成拙，给他人制造更大的情绪负担，因为很多时候情绪并不是那么容易安抚，问题也不是那么容易解决。

2.1.2 自我安抚

拯救者有较强的自我安抚的意愿和能力，他们不允许自己长时间地陷入低谷状态，总是设法用积极的信念和较强的行动力让自己重振精神。这种以身作则的积极乐观也能给身边的人以鼓舞，激发身边人内在的拯救者面具。

但因此拯救者会给人一种错觉，即一直鼓舞和帮助他人的他们永远是坚强积极的，大家总是觉得他们不会有脆弱的时候，没有被安抚的需要，典型的形象就是做好事不留名的雷锋。人们总是敬佩拯救者，却极少关爱拯救者。事实上，拯救者在多数时间里是通过求生本能和转移注意力的方式去压抑内在的受害者面具的，因此他们的受害者面具总是容易累积能量，最终形成一份压抑着的深层痛苦。这份痛苦其实也需要被他人注意，被他人关爱。

2.2　自我

2.2.1　自尊水平

拯救者会有强烈的自我价值感，他们会被一种使命感推动，去帮助生活中的受害者。对于隔壁邻居、路边的乞丐、网络上报道的受苦之人、屠宰场的动物……他们都愿意去提供自己力所能及的帮助。每当他人在他们的帮助下改变时，他们的自尊心就会获得极大满足。反之，当他们没有办法解除他人的痛苦时，他们便会变得很自责。

在某种程度上，拯救者表现得非常高尚，一直追求人性的关辉。

2.2.2　核心自我认知

拯救者的核心自我认知是“我是被需要的”。不管自己是否有能力帮助他人解决问题，也不管自己是否已经全面了解问题，甚至不管他人是否真的需要自己去帮助，一旦他们看到他人处于困境中，他们就会产生一种强烈的被需要感。这种被需要感会变成使命感，推动他们马上采取行动。

2.3 原生家庭

2.3.1 权威型家庭教养风格

高程度管教的最终目的是帮助孩子在这个社会上生存得更好，此时父母处于一个拯救者面具失控的状态——焦虑的我。在这种求生本能的推动下，父母总是迫不及待地想要改正孩子思想和行为中“不符合标准”的部分，无时无刻不表现出一副忧心忡忡的样子。

“你怎么还不去写作业?”

“你怎么天天玩手机?”

“你怎么天天窝在房间里？你出去透透风晒晒太阳呀！”

“你怎么天天往外跑？读书人心要静一点，好好在家学习！”

“快起床，这么喜欢睡懒觉，看起来太颓废了！”

“感冒了？还不是你天天玩手机都不运动?”

“你要学会分享知道吗?”

“你是哥哥（姐姐），一定要照顾弟弟妹妹！”

“你这么大的人了，连家务都还不会做！”

“你暑假去打工吧，也该让你吃吃苦头，长长见识了！”

……

这些唠叨充斥于孩子的日常生活中，给他们营造一种不管我做什么，都要被数落和教训的感受。而且这些唠叨的出发点并不是理性和规则，而是父母的焦虑感。充斥着焦虑感的唠叨并不会帮助孩子成长，反而会给孩子造成更大的情绪负担，容易导致孩子叛逆。

父母将自己的焦虑感称为爱，觉得唠叨是为了孩子好。在我们特殊的孝道文化背景下，孩子会尽自己最大的能力去消化这一份充满焦虑感的爱，于是孩子的精神世界里也形成了一个“焦虑的我”。

2.3.2　忽视型家庭教养风格

在忽视型家庭中成长的孩子由于缺乏能够给予他们关爱的父母，孩子自身的求生本能反而会愈加强盛。

社会化程度比较低的孩子的拯救者面具逐渐会与迫害者面具结合，求生本能逐渐发展成一种弱肉强食的行为准则。当他们的敏感性在不断受到刺激后，他们愈发认识到这个社会的阴暗和粗暴，也不得不学会用迫害者面具去保护自己，形成失控的迫害者。

社会化程度比较高的孩子则会努力去迎合主流社会的价值观，在心中用幻想的方式塑造一个焦虑的父母来约束和管教自己。这个幻想的父母以一种不断自我批判的方式出现在孩子的日常生活中，不管他做了什么，他都不会对自己满意。这类孩子相较于同龄人会显得特别早熟，他们在严于律己的同时还懂得照顾和关爱他人。

2.4　人际关系

2.4.1　界限不清

在拯救者眼里，社会上到处都是需要帮助的受害者。他们非常乐于助人，随时准备好给他人支持和帮助。不管是街坊邻居还是路人甲乙丙丁，他们均一视同仁，他们热情洋溢的笑容可以融化任何一颗冰冷的心。

虽然我们都有被关心和帮助的需求，但很多时候我们也需要静一静，独自去面对困难，靠自己的力量去成长。但是拯救者并不会意识到这些，在他们眼里，关心和帮助就是我们所必需的。他们不仅关心我们的心理，还直接行动替我们解决问题。人际界限不清是他们的特点，不管是涉及他人的隐私，或是他人已经明确表示拒绝，他们总是喜欢插上一脚显示自己的存在感。对于这样的人，我们的情感是复杂的。我们感觉难受，却不敢拒绝，我们的心理活动很可能是“如果我拒绝他们的好意，是不是很没良心，以后可能会失去他们的关爱了”“如果我不拒绝，那我就没办法按照自己的方式去解决问题，最终结果变得更加不合我意”。

在集体文化下成长的我们，本身就习惯于人与人之间界限不清，其乐融融。越是界限不清，反而我们越是觉得有归属感和安全感。我们习惯别人替我们拿主意，对我们负责；我们也习惯替他人拿主意，对他人负责。唯独我们不提倡自己对自己负责，因为我们不习惯这样清晰的界限。如果我们让界限清晰起来，这在中国文化里意味着关系断了。如果父母对孩子讲：“你的事情，以后你自己说了算！”那么说出这句话的背景多半是父母已经绝望并打算放弃这个孩子，而不是对孩子成长抱有信任和期待。在中国，如果一对父母对孩子抱有爱意和期待，他们就会不自觉地做一个过度干预的拯救者，干涉孩子的想法、行为及生活。

拯救者面具失控这一现象，在我们的文化中被认为是有积极意义的。拯救者被内在强大的拯救者面具所鼓舞，他们也鼓舞着身边的人，给所有人以力量。因此，这类人虽然经常界限不清，弄巧成拙，但是与他们相处时我们却总是痛并快乐着，享受着精神上的支持和温暖。

2.4.2　内心的孤独感

基于我们的文化背景，有些人是意识不到自己的拯救者面具失控的，也有些人是故意表现出拯救者面具，以换取认同感和成就感。

“你想别人怎么对你，你就怎么对待别人。”这是我们多数人推崇的人际交往法则，我们热衷于关心他人，其实是希望我们也能被他人关心。在这个世界上，抱团取暖、相互慰藉对于每个人的内心而言都是一种滋养。

我们对于那些“老好人”的误会之一就是我们总以为他们交友广泛，内心充满力量。他们有这些表现是因为他们总是表现出拯救者面具。但事实上，他们的内心也是孤独的，希望得到关心和理解。作为心理咨询师，笔者曾听到不少拯救者抱怨，说他们对朋友是如何仗义和投入，反过来自己需要帮助的时候，身边却没有一个朋友。

由于拯救者对待他人的方式在很多情况下是基于自己的需求，而不是基于他人的需求。因此他们对别人的“好”更多的是泛泛之好，与他人之间的交情也多是泛泛之交。他们一方面用拯救者面具把自己的其他面具掩藏起来，另一方面也没有足够的能力深入了解他人的内心世界。

因此，拯救者很难与他人建立起亲密关系，但他们解释这一现象的角度是“一定是我对别人关心还不够”。于是他们加倍对他人好，愈发热情，结果可能愈是“好心被当成驴肝肺”，从此对他人失望，从一个拯救者变成一个受害者。

2.4.3 弄巧成拙

拯救者在很多时候并不是根据他人的需要或是现实情况去助人，而是根据自己的需要去助人。他们想帮助他人是因为他们是拯救者，而不是因为他人在寻求帮助。当然，如果恰巧他人也在寻求帮助，那必定会出现其乐融融、感人心扉的一幕。

但如果这个时候他人并不需要帮助，那便是弄巧成拙了，最后反而被人嫌弃。父母的初衷是孩子可以过得幸福，健康成长，但是超级妈妈的角色使孩子反而缺乏自理能力、情绪易失控、不懂得为自己负责。有些人想做一个完美的恋人，无微不至地关照着对方，但却换来对方的逃避，因为其需要信任和喘息的空间。

拯救者很容易有这样一种感觉：“狗咬吕洞宾，不识好人心”。他们很容易觉得自己的真情被辜负，却看不到自己的“善行”更多的是自导自演，自娱自乐。

2.4.4 害怕被集体排斥

拯救者特别恐惧被群体排斥，求生本能会告诉他们“如果不能融入群体就会威胁到生存”。因此有时拯救者善意的表现并不是因为他们喜欢那个人或群体，而是他们害怕被排斥和孤立。这种现象在青春期尤其常见，这个年龄段的孩子在心理发展上正好处于要离开家庭关系进入社会关系的阶段，为他们成为一个独立自主的个体做准备。此时同伴的影响力要超过家长，孩子往往特别在乎同伴的看法。很多孩子跟笔者倾诉过类似的问题：

室友乱用他的东西，他却不敢拒绝，或是拒绝得很无力；

同学给他起绰号，他明明不喜欢却不敢发脾气；

……

他们的界限被同学侵犯，但是他们不敢捍卫。因为对他们而言，表达愤怒并捍卫自己的界限会有可能让关系破裂，或者会给他人留下脾气坏、情商低的印象，而导致被集体排斥。因此在很多时候他们被迫表现出亲切和善，事实上他们的内心压抑着强烈的怒火。这些难以消化的愤怒逐渐累积，会导致他们进入迫害者面具失控的状态——野蛮的我。此时，他们会执着于某些小事，或是大发脾气，或是尖酸刻薄。

2.4.5　主动排斥群体

害怕被集体排斥是我们的求生本能，主动去排斥群体则是我们的另一种求生本能在发挥影响。我们的家长和老师都或多或少地对我们说过这样的话：“现在学习最重要，谈朋友（恋爱）什么的等你考上好大学，大学里什么样的朋友没有，更好的你会交到更好的朋友”。或是更直接地告诉我们，成绩和文凭才是一切，谈朋友（恋爱）只会分散我们的注意力，影响我们的状态。当社会、家长、老师营造的关于未来的生存焦虑压过了被集体排斥的恐惧，孩子就会主动排斥人际关系。

成年后的我们也是更多地醉心于工作之中，总是抱怨没有时间留给自己，很多朋友也是走着走着就散了。一种生存焦虑压过了另一种生存焦虑，不管是融入集体还是远离集体，不变的是永恒的焦虑。

2.5 工作和学习

2.5.1 不切实际的理想主义

拯救者也是一个理想主义者，他们会散发出一种天真的乐观，认为凡事都会朝好的方向去发展。这种乐观在职场会显得尤为幼稚，他们盲目相信自己的企业和项目会发展得很好，缺乏对待可能存在的危机的详细计划，最终导致失败。如果是领导，这种乐观则会给员工一种画饼充饥的感觉，不谈眼前面临的困难，而只看到事情成功之后的美好前景。

对待人性亦是如此，拯救者对所有人都抱有强烈的怜悯和美好的期待，难以客观地评估和看待人性。因而在与他人的合作和竞争中，他们总是会抱有不切实际的期待，最终导致失败。

之所以拯救者会抱着这样一种不切实际的期待，因为这样简单美好的期待可以极大地安抚他们的生存焦虑。他们通过一种自欺欺人的方式来简化世界的复杂性，安抚内在的焦虑。

2.5.2　教育焦虑

我国教育发展不平衡、不充分与人民群众对优质教育需求旺盛间的矛盾，催生出了令学生、家长、学校无奈的“教育焦虑”。起点焦虑、择校焦虑、作业焦虑、升学焦虑。"教育焦虑"始终排在社会热点话题的前几位。全社会弥漫着的焦虑都使我们努力地去拔高自己家的“幼苗”，生怕他们没其他家“幼苗”长得快，没其他家“幼苗”长得好。家长们互相制造恐慌，“别的家长都这么做，我如果不去做，那我家的孩子就无法在社会上生存”。

有网友问：“幼儿园儿童有 1 500 个的单词量跟得上平均水平吗?”

有网友答：“这在欧美国家应该是跟得上的，在北京是完全不够的!”

不知道家长们看到这个笑话是什么感受，笔者看到这个笑话后，只能庆幸自己生得早。在笔者所在的三线城市，很多普通初中生除每周上 5 天课之外，在平日晚上和周末还要完成家长布置的学业作业、才艺作业、体育作业，每周的休息时间不会超过半天，而这半天还要用于写学校老师留的作业，或是抽空来找笔者者这样的心理咨询师解决心理问题。笔者问他们，在这么忙的生活中怎么去安排自己的休息和娱乐，他们告诉笔者，基本没有时间休息，哪怕在玩游戏，他们也感受不到快乐。他们时刻在焦虑“我的成绩怎么还没上去?下次考试该怎么办?”

在听着这些孩子的生活时，笔者总是会扪心自问：“我如果在这样的环境里读书，我能保持心理健康吗?”

2.5.2 打工人、社畜和薪资奴隶

拯救者面具失控源于我们的生存焦虑，并在我们的实际生活中被放大和泛化。生存焦虑最后会落实到目标的完成度上，只有目标达成，焦虑才会缓解，而达成这个目标的过程只是为结果服务，本身并不重要。因此执行过程中的愉悦感、自我价值认同感、伦理道德并不会得到重视，除非这些能切实转化为利益，或是帮助这个目标更快更好地实现。

如今，网络用语“打工人”迅速流行，与源自日本的“社畜”、英美的‘wage slave’（薪资奴隶）等流行词相似，它们都混杂着自嘲、调笑的情绪。这些词被那些无法依靠财产，只能依靠不停歇地努力赚取薪酬而生存的低层劳动者形容自己，他们自嘲自己是效率机器上的一颗螺丝钉，一边被时代的速度所裹挟，一边又被内心的欲望所驱动。在他们内心中存在为了理想、自由，还是生存而活着的疑问，但对他们影响更大的则是随时可能被世界所淘汰而产生的焦虑，他们害怕因为自己“生锈”被另一颗“螺丝钉”所淘汰。

2.6 自我调节

2.6.1 解决情绪或适应情绪

我们之所以会体验到强烈的焦虑感是因为我们内在的受害者面具不断受到刺激并产生负面情绪，此时我们的拯救者面具便会采取行动去解决外部刺激的问题。对于负面情绪，我们的本能是

去解决问题以解决情绪。这对于生物而言其实并不存在什么问题，因为能让生物产生负面情绪的问题普遍就是需要去马上采取行动解决的生存问题。但对于现如今高度社会化的人类而言，这个本能便会带来大问题。

因为在这个社会中的多数焦虑都是我们通过观念建构出来的，且多数问题并不是我们付出努力就能解决。例如，去参加一场考试前，我们内心的想法是“如果我没有通过这个考试那么我所有的努力就白费了！大家都会对我失望！我的人生就完了！”此时，不管我们采取任何行动，这份危机感都不能有效缓解，因为这个考试能否通过并不是由我们说了算，哪怕通过了考试我们的生存焦虑也只是片刻得到缓解，新的挑战又会马上来临。

在竞争、欲望、攀比的重压下，我们为自己建构了一个又一个焦虑的观念，且这些观念对应着的现实问题基本难以被快速解决，有些甚至我们终生都无法解决。因此我们通过解决现实问题去解决负面情绪的本能便会导致我们处于无休止的焦虑之中，让人精神崩溃。

因而，我们需要去发展出另外一项能力，如果我们回避不了情绪，那么我们就要去适应情绪。我们解决不了内在的无力感，但我们带着这份无力感，可以努力控制自己的生活；我们解决不了内在的自卑感，但我们带着这份自卑感，可以去塑造自我价值感；我们解决不了内在的焦虑感，但我们带着这份焦虑感，可以去享受午后暖洋洋的阳光……

我们需要培养的是在适应负面情绪的同时，去追寻积极情感的能力。

2.6.2 绩效目标到成长目标

绩效目标，关注具体任务的完成情况，可用数据客观衡量；成长目标，关注任务执行过程中个人内在能力的提升，如经验、意志力、人脉、细心、抗压能力等的提升。

现如今我们流行大数据的概念，认为所有的东西都可以数据化，追求绩效目标几乎成了每个行业领域现代化的标志。但与此同时，成长目标被忽视，个人经验和素养的提升并不被重视。最终过度追逐绩效目标导致了成王败寇的想法：只要能把目标完成就好，其他都是虚的；如果不能完成目标，那么说什么都没意义！

对于只要按部就班就能解决的事情，采取追逐绩效目标的方式会极大地提升我们的效率和掌控感；但我们的人生中多数时候面临的事情是困难的、复杂的、不确定的，过度追逐绩效目标就会导致出现难以解决的焦虑。追求成长目标，会帮助我们摆脱焦虑，以一个更平稳的心态去应对事情，发挥出自己的全部能力，而不是把精力都用于对抗焦虑，事倍功半。

2.6.3 不与他人比较

作为群居生物，与他人比较是我们每个人的本能。我们小时候比成绩、比高矮，长大后比工作、比工资，成家后比伴侣、比孩子……不管是主动还是被动，这种比较会在我们生活中的方方面面出现。而焦虑就源自与他人的比较。当我们的一切都比不上别人时，我们在集体中的生存本能就会受到严重的威胁，我们会产生可能不被喜欢、不被尊重、不被接纳的焦虑。

事实上，现如今我们的对比对象的设置是极度不合理的。在进入信息时代之前，我们能接触到的就是同一个村、同一个镇、同一个街道的人，大家的生活和知识相差并不会太多。但是进入信息时代后，生活水平最高的那一部分人集中地出现在网络平台上，他们分享生活，给我们制造一种错觉，好像每个人的生活都那么美好，只有我们的生活不好。比如，知乎的用户总是被调侃：“人均 985”“年薪百万”“人在国外”“刚下飞机”。

2019 年，全国居民的年人均可支配收入为 30 733 元，中位数为 26 523 元。如果你的月工资超过 3 000 元，你的收入就已经超过了全国的人均水平，超过 5 000 元就位列 80%的国人以上。中国的本科率现在还没有达到 4%，文盲人数高达 8 500 万……当然你看到的更多是网络媒体发送的豪宅、名车、明星消费，“小目标一个亿”“十几栋楼每月收租 60 万”“开着宝马跑滴滴体验生活”……消费主义通过发达的网络把焦虑塞满我们每个人的空间。我们进入信息时代才 20 多年，多数人并没有发展出应对这些焦虑的能力，只能痛苦地随波逐流。

2.6.4　拓展自己的视野

泛滥的生存焦虑源自我们所处社会建构的观念，因而拓展自己的视野可以帮助我们摆脱观念的束缚。当我们找到新的视角去看待这个世界，我们也将找到摆脱自身局限的道路。

读书永远是最快、最有效地拓展视野的途径。

阅读历史，我们可以了解人类文明兴衰交替的原因；

阅读文学，我们会知道如何更诗意地体验人类丰富的情绪；

阅读经济学，我们会通过人的经济行为重新去理解人的本性；

阅读社会学，我们会知道整个社会变迁对人类的命运造成的影响；

阅读经典，我们会对这个世界和人性有新的认识，我们就能重新去审视自己的人生，有机会摆脱本能、家人、社会给我们建构的各种焦虑，寻找属于自己的人生意义。

苏格拉底说，未经审视的人生不值得去过！（The unexamined life is not worth living!）

3　过度压抑的后果：绝望的我

3.1　情绪

3.1.1　情绪状态

看到半杯水时，有的人会高兴地说："还有半杯水！"有的人会失落地说："只有半杯水了！"

同样是半杯水，个体产生的念头和情绪却是完全不一样的，区别就在于当时在使用哪一种人格面具。很多人都会有这样的经历，某些人不停地挑我们的刺，指出我们的错误。我们可能因此很受伤，并且深感自卑，怀疑自己是不是太糟糕了。但是如同那半杯水一样，有些懂得鼓励的人，即使我们做得再差，他们还是会给我们以亲切的笑容和鼓励。而喜欢挑刺的人，哪怕我们再优秀，他们还是能找到缝隙把针扎进来。

过度压抑拯救者面具的人，他们的自我状态会处于"绝望的我"，总会以一个悲观消极的视角去看待世界。他们更喜欢看到事情的负面，再好的人和事，到了他们嘴里就完全变了味儿。如果我们的内心世界缺少拯救者面具，我们无疑会觉得自己像是活在地狱。这是一个由受害者和迫害者组合而成的精神世界：每个人都是迫害者，张牙舞爪；每个人又都是受害者，独自哀号。

3.1.2　自我安抚

过度压抑拯救者面具的人缺乏自我安抚的能力。唯一能安抚他们的方式就是从周围人身上找到无条件的爱，即寻找外在的拯救者。为了获取对方无条件的爱，他们也愿意给予对方无条件的爱。但是这种爱往往极度脆弱，一旦遇到挫折他们就会气急败坏。因为他们自以为的无条件的爱其实是有条件的——我爱你，你必须懂得感恩并满足我的需要，给予我无条件的爱。

这样的价值观必然导致他们对这个世界充满绝望，认为没有人会真心地爱他们，渐渐地他们陷入消沉和绝望。

3.2 自我

3.2.1 自尊水平

过度压抑拯救者面具的人会缺乏自我价值感，他们难以包容自己身上存在的人性的不完美，不管是受害者状态下的脆弱和无力，还是迫害者状态下的愤怒和尖锐。他们总能找到理由去斥责自己，厌恶自己。

虽然可能现实中他们的外在条件并不差，所表现出来的品质也能受到他人的赞赏，但是他们难以欣赏自己。他们在厌恶自己的同时，也厌恶不完美的世界和不完美的他人，很容易变得愤世嫉俗，批判一切。

3.2.2 核心自我认知

过度压抑拯救者面具的人的核心自我认知是“我是绝望的”。这个世界有诸多不完美的事情，选择从什么角度去看待，决定了我们会产生什么样的情绪和观点以及相应的行动，而过度压抑拯救者面具意味着从最消极的角度去看待问题，那么就会产生一种强烈的绝望感——在这个糟糕的世界上活着的意义是什么？

他们对美视而不见，而将痛苦和黑暗视为真相。

3.3 原生家庭

3.3.1 权威型家庭

在权威型家庭中，起管教作用的迫害者一直扮演着关键角色，而拯救者往往会被视为孩子软弱无能的源头，“慈母多败儿”。家长们认为同情和怜悯孩子会让孩子沉溺于受害者的角色，并拒绝长大。孩子一旦流露出敏感脆弱的自我状态，那么家长就会使用迫害者面具去进行管教。因此孩子在成长过程中缺乏对拯救者的感受，他内在的拯救者面具就没有办法健康发展，从而一直处于被压抑状态。

3.3.2 忽视型家庭

在忽视型家庭之中，孩子由于从小到大缺乏管教和关爱，难以通过切身感受而内化健康的拯救者。他们会幻想出一个能无条件提供爱的拯救者，并把这个拯救者投射到周围的人身上，如父母、老师、好朋友、恋人、社会、法律、国家……但是最终这些投射对象都没有办法符合他们的幻想，最终他们对拯救者的希望破灭，彻底压抑了内在的拯救者面具。

3.4 人际关系

3.4.1 尖酸刻薄的“杠精”

由于难以使用拯救者面具，过度压抑拯救者面具的人在日常生活中往往非常尖酸刻薄，现如今流行的网络词语“杠精”就是他们最好的写照。不论任何事物他们总能从中挑出毛病并大肆冷嘲热讽，并且不接受任何解释和反驳。不论我们做得多好，都逃不过他们的挑剔，这样的人应该是大家成长过程中的噩梦吧，因为越是稚嫩的心灵越是在乎他人的想法，而他们的尖酸刻薄能把一个人所有良好的自我感觉摧毁。

也是在与这样的人的抗争中，我们最终学会不去在乎他人的评价，给自己裹上一层厚厚的保护壳。

3.4.2 情感勒索

当一个心理出现问题的家庭来做心理咨询时，笔者会指导父母如何去支持他们的孩子，即在孩子状态不好时，家长应该做到耐心和包容，那就会对孩子产生帮助。然而家长会告知笔者，虽然道理他们也懂，但是他们完全控制不住自己的情绪。他们说："孩子表现这么差，我们做家长的怎么能不急？一看到他那副样子我就气不打一处来！"

这其中体现的一个关系模式是，孩子是父母的情感支持，即父母缺乏使用拯救者面具的能力，需要孩子去扮演父母内心的拯救者，去安抚父母的情绪。一旦孩子表现不好，父母的情绪就会崩溃。可想而知，在这样的家庭中，孩子除了背负自己成长的压力之外，还要背负两个成年人的情感寄托，这难免会使他们崩溃。而社会盛行的简单粗暴的感恩教育也让孩子们如同飞蛾，扑向父母的情绪烈火。

无法使用拯救者面具的人，他们只能寄希望于他人是自己的拯救者，这在亲密关系中往往会演变成情感勒索。他们往往在物质上或是表面的事情上付出极多，营造出一种很爱对方的氛围，但对方一旦不顺着他们的心意时，他们就会气急败坏。

3.4.3　爱是毒药

如果一个人无法使用内在的拯救者面具，那么其对别人的爱一定是“有毒”的。对于这类人，他们的爱并不会以建设性的方式去表达，去跟对方合作，去营造幸福。理性上他们知道爱是互相理解、包容、尊重，但是在问题发生时他们就变得尖锐而疯狂。在亲子关系里，他们表现爱时的身份是迫害者，他们控制、惩罚、责打、辱骂。在亲密关系里，他们表现爱时的身份是受害者，他们哭诉、自残、绝食、忍气吞声。

我们都希望是彼此的拯救者，最后却变成了彼此的毒药。

附送萨提亚家庭治疗理论的创始人维吉丽亚·萨提亚写的一首诗。

如果你爱我

请你爱我之前先爱你自己

爱我的同时也爱着你自己

你若不爱你自己

你便无法来爱我

这是爱的法则

因为

你不可能给出

你没有的东西
你的爱
只能经由你而流向我
若你是干涸的
我便不能被你滋养
若因滋养我而干涸你
本质上无法成立
因为
剥削你并不能让我得到滋养
把你碗里的饭倒进我的碗里
看着你拿着空碗去乞讨
并不能让我受到滋养
牺牲你自己来满足我的需要
那并不能让我幸福快乐
那就像
你给我戴上王冠
却将它嵌进我的肉里
疼痛我的灵魂
宣称自我牺牲是伟大的
那是一个古老的谎言
你贬低自己
并不能使我高贵

我只能从你那里学到“我不值得”
自我牺牲里没有滋养
有的是期待、压力和负担
若我没有符合你的期望
我从你那里拿来的
便不再是营养
而是毒药
它制造了内疚、怨恨，甚至仇恨
我愿你的爱像阳光
我感受到温暖、自在、丰盛喜悦
我在你的爱里滋养、成长
我从你那里学会无条件的给予
因为你让我知晓我的富足
与那爱的源头连接，永不枯竭
永远照耀
请爱你自己吧
在爱他人之前先爱自己
爱自己不是自私
牺牲自己并不是爱的表达方式
爱的源头就在那里
然而，除非你让自己成为管道
爱不能经由你而流向我

你若连接

爱会滋养你我双方

你若断开连接

爱便不能经由你而流向我

你的爱便不是真爱

而是自我牺牲

然而，那不是我想要的

爱自己，是生命的法则

除非爱自己

你不可能滋养到别人

我愿意看到充满爱和滋养的你

而不是自我牺牲的你

因为，我也爱你

我爱你

必先爱我自己

否则，我无法爱你

而你，亦当如此

生命的本质是生生不息的流动

生命如此

爱如此

好好爱我自己

3.5　工作和学习

3.5.1　缺乏合作的能力

任何体制都会存在一定的不合理性，同时每个人都会有自己的缺点和盲区，因此人们在合作的过程中总会遇到各种挫折和误会，我们需要做的就是找到产生问题的原因并找到解决方法。

在现实生活中，这个寻找问题原因和解决方法的过程往往容易变成互相追究和推诿责任的过程，彼此的受害者面具会被激发，觉得自己不被理解和尊重；彼此的迫害者面具也会被激发，试图捍卫自己的权益。解决问题并愉快合作的前提便是我们具有可以调用内在的拯救者面具的能力，在理解和尊重他人的同时，也能对自己的情绪进行安抚。

3.5.2　缺乏长远的目光

在全球资本化的当下，我们每个人都在追求更高的效率和更好的效益，更高更好的背后往往是多数人的注意力被眼前的利益所捕获，他们难以看到更远的未来。长远规划的关键是能安抚当下内在的受害者面具的情绪，而缺乏拯救者面具的人容易被受害者面具所控制，在恐惧的推动下去做一些所谓更“理性”的决定。

3.6　自我调节

3.6.2　对自己的慈悲

我们渴望获得关爱和包容，但我们从来不会自己去给予自己这些。我们更习惯使用曾经被对待的方式来对待自己，在成长过程中我们被身边的人否定和责备，于是在任何事件中不管是非对错，我们也总是否定和责备自己。我们对苦难进行指责，这种恶行打着为自己好的名义在我们的生活中肆无忌惮地进行，我们却已经习以为常。

近些年因为二胎政策出台，年近 40 的小丽选择再生一个孩子。夫妻俩为这个二胎做了充分的准备，准备了足够的存款、更大的房子，请了保姆，公公婆婆也来帮忙照顾。小丽觉得只是生个孩子，应该会很顺利。生产以后，作为高龄产妇，小丽恢复得很好，全家人都其乐融融，只是新生命并没有给她带来所期待的喜悦，她的情绪越来越糟糕。小丽得了产后忧郁症，这是一种生产后由于体内激素变化导致的情绪低落，应该会在生产后 2 周左右开始逐渐缓解。

半年过去，小丽的情绪一直没有好转，反而急转直下。她每天下班后只想待在学校不想回家，开车回家后也会躲在车里哭上半小时，一看到孩子哭她就烦躁得不行。抱着孩子时，她的脑海中总会闪过类似的画面：她把孩子砸到了地上或者从窗户丢出去。她觉得这样的自己糟透了，因此前来寻求心理帮助。

在沙盘治疗中，小丽选择了一个最能让她感受安心和平静的人物道具。笔者让赵丽把道具握在手中，在内心中倾诉自己的痛苦和疑惑，并期待着得到回应。赵丽得到的回应是“痛苦只是暂时的，一切都会过去，你会好起来的。”

当听到这句话，小丽痛苦了半年的心灵瞬间获得解脱，变得平和安宁。这句话之所以对小丽产生疗愈效果，是因为小丽内在的拯救者面具在这一刻被激活了，借着人物道具的形象，小丽对自己完成了救赎。这是一句再普通不过的话，笔者相信每个人对自己、对别人都说过类似的话，但是却极难产生这样的效果。因为在讲这句话的时候，我们并没有带着慈悲。

从来没有人教导我们要对自己慈悲，我们更习惯管束自己、鞭策自己、控制自己、惩罚自己，我们无时不在心中进行着迫害者与受害者的游戏。但每个人都需要慈悲，于是这一份慈悲被投射到父母、爱人、朋友、神明，希望从他人那儿得到救赎。事实上，拯救者面具一直在我们的内心中，让我们去寻找内在的那一份慈悲吧。

3.6.2　勇敢接纳他人的爱

我们的大脑渴望社交和集体，人际社交和互相关爱会愉悦我们的心灵。最早，孩子们通过父母爱自己的方式学会自己爱自己的方式。只是很多人的童年并不那么美好，尤其是遭遇过重大创伤的人，得到的更多的是以爱为名的伤害。为了自我保护，他们给自己的心灵建了围墙，这个围墙被命名为“坚强”。有了这个围墙，他们不让自己出去，也不让他人进来。

随着不断成长，我们逐渐脱离原生家庭，开始独立，开始照顾自己，掌控自己的生活。我们会遇到与我们彼此相爱的人。我们内在的受害者面具渴望得到爱，但过去的经历又让我们形成了一个挥之不去的观念——自己不配得到爱。我们会认为表达自己的脆弱是羞耻的，且容易受到对方的耻笑和贬低。我们都做好了去爱别人的准备，却还没做好允许自己被爱的准备。

爱是一种温和、积极的能量。这种能量在人与人之间流动，我们每个人都是它的容器和通道。没有人是永恒的光源热源，可以源源不断地散发光和热。如果你将某人当成源头，却忘了自己也是他的源头，那么他就有可能被你榨干，包括你的父母。当你觉得他人的爱不够时，也请你为其注入你的爱。

爱经由他人流向我们，又经由我们再流向他人，如此循环。我们在其中相互滋养，感受生命的美好。

3.6.3 榜样和指引

14 岁的陈紫生活在一个普通的家庭中，她的父亲用一个人的工资勉强支撑起一家人的开销。自从 5 年前妹妹出生后，她的母亲就辞职在家做一名全职主妇。她父亲早出晚归，陈紫的回忆中鲜有父亲的身影，往往是早上眼睛睁开之前父亲已经出门，晚上进被窝睡觉时父亲才回来。难得遇到不上班的时间，内向的父亲也很少跟一家人互动，而是整晚坐在沙发上看电视，享受难得的空闲。忙碌的家务和经济压力让母亲承受很大的压力，对孩子的教育方式往往非常情绪化，动辄打骂。

成长于这样的家庭之中，陈紫能得到的情感关怀和支持极少。除了学校里巨大的学业压力，她还要额外承担父母的情绪压力，照顾的妹妹的压力。但是她并没有被这些压力压垮，反而逐渐成长为一名优秀的学生，她成熟、自律、坚强。

陈紫强大内心的支承其实来自她喜欢的一个明星组合，该组合由三位男孩组成。这三个男孩成长的经历、一点一滴的努力都激励着她。每当陈紫感到痛苦和无助的时候，翻开该组合的自传，点开他们为粉丝录制的鼓励视频，她的内心中就能涌起一股温暖的力量。她渴望变成优秀的人，与她的偶像一样。

我们都会找到自己的信仰，来安抚我们的内心，帮助我们重新鼓起勇气，面对生活。这种信仰可以是一个神话故事、一个文化典故、一部电影、一本小说、一首歌、一个明星、一个身边的人、一件不起眼的事儿……

借着信仰，我们内在的拯救者面具不断茁壮成长。

4 灵活驾驭的表现：慈悲的我

4.1 情绪状态：温柔

拯救者面具本质上是我们的求生本能，这种本能趋乐避苦，通过解决负面情绪来指导我们的行为。社会要求我们尽可能适应和忍受负面情绪。但适应和忍受负面情绪并不是我们的本能，快速对负面情绪做出反应才是。因此我们的生物本能和我们的社会性会产生冲突。

现如今的社会倡导一种积极进取的价值理念，希望社会上产生越来越多的拯救者，往往这种积极会导致一种过犹不及的结果。我们过度强调正能量以至于不能完整地接纳自己，不能合理地认识客观世界。同时，我们总是容易把他人的需要置于自己的需要之上，甚至忽略了自己的需要。

灵活驾驭拯救者面具意味着我们摆脱了要解决现实问题的本能焦虑，而能更有智慧地为自己和他人提供合适的支持和帮助。

15 岁的玉婷因为承受严重的情绪压力而抵触学业，她的妈妈带着她找到笔者寻求心理帮助。玉婷告诉笔者，这个情绪压力其实从 2 年前就开始存在了，只是憋到现在才承受不住爆发出来。玉婷妈妈的回复却是“起码你两年前还去上学呀，你现在不去读书，你到底想怎样！”显然，玉婷妈妈受控于一种原始的求生本能，源源不断的焦虑让她只盯着问题是否解决，反而加剧了孩子的情绪压力。玉婷妈妈却没办法意识到，她的温柔才是玉婷从情绪压力中走出来的有力支持。

在我们的家庭教育中，孩子极少从父母那儿学会如何包容情绪，只是学会通过解决问题来缓和情绪。当我们的拯救者面具得到灵活驾驭，我们会表现出一种温柔和慈悲，此时就会包容与呵护情绪，并相信自己或对方有解决问题的能力，只是需要一些时间和耐心。

与此同时，我们也会从教条主义中解脱出来，让自己获得选择的自由。当需要成为拯救者时，我们可以调用拯救者面具，温柔地包容和支持他人；我们也可以优先关爱自己，关注自己内在的受害者面具，允许自己不那么坚强，给自己营造一个安全的空间，让自己静一静。

当积极是一种选择，而不是一种必须，我们的情绪才能获得自由，并让自己真正变得温柔，生出一股对生命的慈悲之心。

4.2　自我

4.2.1　自尊水平

我们常常会因为自己不那么优秀、不那么完美而缺乏自我价值感，总是会有这样一种恐惧——不优秀的我不值得被爱。此时，在我们的内心中，内在的迫害者面具在用一种激进的态度进行自我批评，从而导致自己沉浸于受害者的痛苦之中。

在一段关系里，一个人被爱并不仅仅是因为他很优秀，决定性的因素是另一个人是否具有拯救者的情怀。如果一个人的内心缺乏拯救者面具，无论多么优秀的人也会被其批判得一文不值。

而一个人使用拯救者面具时，哪怕对方表现得不好，其也可以抱着一种温柔的态度去包容和鼓励，说："没有关系，你可以做你自己"。

自尊不是基于跟他人的比较，而是基于自己的存在是否被接纳。

4.2.2 核心自我认知

当我们的拯救者面具处于被灵活驾驭状态时，我们的核心自我认识是"积极的我"。此时，不管面对多么消极、糟糕的状况，我们在心中都能看到乌云背后的阳光、风雨之后的彩虹。

美剧《西部世界》女主角的一句台词是：有人选择看到这个世界的丑恶，我选择看到美好（Some people choose to see the ugliness in this world, I choose to see the beauty）。谁都没有办法给出一个确定的结论说丑恶是否终将消失，善良能否真的战胜邪恶，好人是否真的一定有好报。如果我们得到了确定了的答案才去做，说明我们并没有信念，我们只是渴望安全感而已。在这种不确定性中展现出来的信念和行动力，才是拯救者的珍贵品质。

4.3 原生家庭

4.3.1 民主型家庭教养风格

关爱和管教在家庭教育中缺一不可，家庭只有关爱缺乏管教就会变成象牙塔，只有管教缺乏关爱就会变成劳教所。关爱在管教的背景下才会显得温暖，管教在关爱的背景下才会促进人成长。

让这两个对立的概念统一地执行并不容易。在家庭中，往往丈夫埋怨妻子宠坏了孩子，妻子抱怨丈夫从不懂得尊重孩子，只会恐吓和动粗。由于夫妻之间难以协调，孩子会陷入一种不管我怎么做总有一方父母不满意的尴尬境地，最终没办法健康成长。

孩子需要从父母那儿学会如何在使用迫害者面具时避免破坏性的后果，如何在使用拯救者面具时遵守客观规则。

4.3.2　宠溺型家庭教养风格

在宠溺型家庭中成长的孩子因为接受了父母充分的关爱，他们也内化了父母的拯救者面具。他们体验了自己内在的受害者面具一直被父母的拯救者面具所关怀的感受，因此当发现他人身上的受害者面具时，他们也愿意扮演拯救者的角色去给予温暖和支持。由于缺乏迫害者面具所起到的约束作用，他们爱他人的方式更像是爱一个小孩子，把对方想象得过于弱小无助，而容易过度关爱。

4.4　人际关系

4.4.1　界限感

当我们不受拯救者面具控制的时候，我们便不会打着为别人好的名义，肆意干涉他人的生活。我们能更好地认清对方是否需要帮助，也能够理解有时不去帮助可能反而会促进对方成长。而在对方真正需要帮助的时候，我们又能及时出手，全力相助。

当我们能灵活地使用拯救者面具时，我们与他人的界限更加清晰了，其中一个原因是我们成了积极的悲观主义者。我们认识到了每个人必须学会自己去驾驭内心的受害者面具与迫害者面具，眼前的苦难是他们磨砺自身的磨刀石。同时我们又发自内心地相信和祝福他们，相信他们的内心将会因此变得更加坚韧。我们不再以剥夺他人成长的契机为傲，会选择做一个他人身后的避风港，而不是挡在前面的盾牌。我们会了解，虽然我们替他们挡住了风雨，但也剥夺了他们成长的机会，这会使他们永远看不到风雨后的彩虹。

越是亲密的关系，越是要懂得克制。

4.4.2 温柔的能力

如果用一个词来概括拯救者，这个词便是“温柔”。温柔是一个人历经沧桑后仍然积极地生活，并对生活仍然抱有希望和爱的证明。

在社会生活中，我们每个人都扮演着不同的角色。为了更好地适应和融入生存环境，我们在他人面前可能会经常扮演那被喜欢的、被需要的“温柔的我”，但是在自己面前，我们无所遁形，时常会出现自我贬低、自我苛责。因此，我们需要经常审视自身，厘清我们表现出的温柔是一种角色扮演还是发自内心的表达。我们不仅要温柔地对待他人，更要温柔地对待自己。

内心有拯救者面具的人，一定会温柔地对待自己，并温柔地对待这个世界。

4.4.3 包容

任何不确定性会不断刺激我们的敏感性（受害者面具），带来不安全感。因此对确定性的追求成了我们的本能之一，而对确定性的追求会导致极端主义。

集体心理学的理论表明，大家通过信奉一个明确的观点从而形成群体，并在群体中获得安全感。为了维持群体的稳定性，所有与这个观点相背或者有冲突的个体和思想都会被边缘化或是被排挤。例如，一个学生集体信奉人要自强自信，那么表现出依赖性的学生就会被这个群体嘲弄和边缘化。不论这个学生有多么不美好的回忆，现在的情绪状态多么糟糕，他的生活多么缺乏支持，大家对其评价往往是“谁没有压力呢？你至于这样矫情吗？每个人都要对自己负责！”这个同学在集体中就成了异类。

为什么没有人理解这个同学呢？因为理解这个同学，意味着集体信念遭到破坏。一方面，集体中的其他人会担心自己会跟这个同学一样被集体排斥；另一方面，理解这个同学，意味着集体中的所有人要打破原本坚信的信念，这对个体的安全感造成了极大的破坏。

排斥异己是我们保护内在敏感性的本能，而想要包容别人，我们要有安抚内在敏感性的能力，做自己的拯救者。同时，我们也应该对他人抱有理解和宽容，这样才能走进他人的内心，去接纳一个不一样的世界。

4.5　工作和学习

4.5.1　伟大成就的基石

只有当我们内在的拯救者面具足够强大时，我们才能承受各种挫折，完成让他人惊叹的成就，如：

遭受宫刑却在大牢里完成《史记》的司马迁；

精忠报国的岳飞；

舍身炸碉堡的董存瑞。

还有无数默默无闻却在自己的位置上一直奉献的人，如平凡却为孩子和家庭付出一切的父母。他们无数次经历迷茫和痛苦，却最终依靠内心中拯救者的力量积极地活下去，并努力活得更好。

4.5.2 积极的悲观主义者

如果我们看不到人性的缺陷以及这个世界上的种种不完美，没有经历过绝望，那么我们的乐观就如同吹出的七彩泡泡，一触即破。

内心的拯救者应该是一个积极的悲观主义者。具有悲观主义色彩是因为我们深刻体验到了人性中的迫害者和受害者，并与之产生联系。我们发现了人性中迫害者与受害者的永恒性，以及它们引发各种人间苦难的必然性。我们并不过分夸大这些苦难，也不会否认和无视它们，我们接受它们的存在。

我们并不屈服于这些苦难，而是以一种更积极的心态去面对这些苦难，仿佛身处暴风雨中，却已经看到风雨过后绚丽的彩虹；在野火中，看到火熄灭后春风吹又生的勃勃生机。

我们体验喜怒哀乐，尝尽酸甜苦辣，努力去爱身边的人，去创造属于自己的幸福，散发光芒。

5　本篇小结

爱一个人很容易，不管是源于本能，或是源于欣赏和激情，还是源于对人际关系的渴望，我们对生命中的某些人会产生特殊的情感。

但是创造幸福却很难，这需要我们学会驾驭内心的各种面具，对人性有深刻的认识，洞见苦难。我们应该学会穿越时空看到暴风雨后的彩虹。

扮演他人的拯救者总是容易的，我们只要提供一个肩膀，塑造一个形象，说些积极的话语，就可以给他人极大的力量。从他人身上寻找拯救者也很容易，我们跟随他人的脚步就好了。扮演自己的拯救者却是困难的，这需要我们自己给自己希望。我们要协调好内在的受害者面具、迫害者面具、拯救者面具的力量，这需要智慧，关于人性和生活的智慧。这种智慧无法从书本上获取，就好像我们看完了一遍菜单并不意味着已经摄入了美食和营养。这种智慧来自实践，需要身体力行，去做自己的拯救者。

第四篇 自我认识与自我调节

1 如何使用本理论

1.1 认识

以受害者面具为例，我们每个人内在都有受害者面具，受害者面具产生的情绪和身体感受是类似的，但每个人的受害者概念又不一样。我们的受害者情结可能形成于不同的特定背景，如 A 的受害者情结形成于家庭关系，B 的受害者情结形成于师生关系，C 的受害者情结形成于恋爱关系。其中，既有共同之处，也有很多差异。同时，不同的成长背景、气质差异，导致我们表达受害者面具的方式又完全不一样。

我们每个人对社会和世界都会有自己的认识，这个认识形成于我们成长过程中的亲身经历、学习的理论知识以及自古以来口口相传的俭朴智慧，因此认识并无对错和优劣之分，而是要看是否符合特定的情境。

认识是有时代特征的，每个心理学理论的出现也有其特定的时代背景。原始人无法识别自己的情绪。对于一个愤怒的人，原始人会认为是某个精灵或某种能量附在了其身上，他们的应对方式是将其绑起来并通过特定的仪式进行祭祀或驱魔。通过祭祀仪式，当事人和其他族人相信精灵已经被驱散，于是当事人平静了下来。基于强烈的自我暗示与长时间的情绪宣泄，这样的仪式也会起到巨大的效果。我们无法说原始人的认识论是错误的，因为基于那个时代背景，其选择的认知方式是最合适的。我们当下很多人的大脑运作模式跟原始人并无太大区别，这也就是为什么宗教可以帮助很多人解决问题。

认识是因个人而异的，因为每个观点的产生都有其特定的经历。对于爱情、亲情、友情、事业、家庭等，每一个人对这些概念的定位都不一样。所以我们要识别这些概念在我们自己身上是如何表现的，了解我们的定义与他人的定义有何差异。虽然作为人类，我们每个个体的思维方式相近，但是我们对事物的定义却又如此不同，以至于我们虽然在面对面认真沟通，却容易鸡同鸭讲。

人类的内心是后验的，而不是先验的，并不存在所谓需要每个人去遵循的既定真理，我们每个人都是随着自己的经历慢慢完善自己的认识。

随着科技和文明的发展，我们的认识论也在不断地更新。好的认识论拥有更完整的体系。在认识过程中，我们会产生更多积极的体验和变化。本书的理论体系也是基于一个逐渐完善的认识论模型，希望可以帮助各位读者更好地认识人的心理过程以及发生在我们周围的各种事件。

1.2　解释

如果我们认识不到自己内在的受害者面具，那么我们在与人相处的过程中一旦情绪失控便容易认为是对方的错，认为是对方在针对我们并导致了我们的痛苦。此时，我们做出的选择无非是与对方大吵一架捍卫自己，或是一笑而过并在心里将这个人屏蔽，认为这个人没有必要去相处。

而当我们了解受害者面具这一概念后，我们就会多出一个新的思考：是不是这么痛苦的情绪其实是来自自己的受害者面具，对方的言行只是一个导火索而已，激发了原本就压抑着的受害者面具？于是，一方面，我们就可以更理性地看待这件事情并发现其中积极的一面，帮助自己成长。两人彼此之间的关系也不会陷入僵局，反而因为互相尊重理解而变得更加和谐。另一方面，我们也会注意到原来自己内在的受害者面具已经累积了很强的能量，需要我们好好关爱自己的情绪。这也让我们的心理变得更加健康。

新的认识让我们产生了不同的解释方式，并影响我们接下来的选择，让我们的人生走上不一样的道路。

1.3　预测

对过去和当下的事情进行系统的解释之后，我们就可以对未来进行预测。例如，当我们认识到 A 的受害者面具很强，我们就可以预测A容易出现情绪失控、界限不清、习惯抱怨等。当A真的在我们面前表现出这些特征的时候，我们就知道自己不是始作俑者，没有必要因为A的表现自责或是去责备他。同时我们也知道针对A眼前抱怨的事情进行安慰其实效果并不大，因为A的情绪来自过去的事件对其受害者面具的刺激，跟A讨论过去相关的回忆才能真正让A获得宣泄和帮助。

当我们认识到B的迫害者面具很强，那我们便可以预测B是一个雷厉风行、界限清晰的人。跟B相处时，我们便少套近乎，多用实力说话，这样才能赢得B的尊重并营造好的人际关系。如果B对我们很严厉，我们能够知道其并不是在针对我们，而这只是因为其内在的迫害者面具带来的特定行事作风而已。

当我们认识到C的拯救者面具很强，我们便可预测与他相处时，会很受照顾，他会包容我们的缺点，接纳我们的任性。同时，我们也要做好心理准备，拯救者面具过强的人可能会出现人际界限模糊，C很有可能会干涉我们的生活，替我们做决定。因此我们要注意保持自己的主见，同时又不要伤害到C。

当然，每个人的内在都具有受害者、迫害者、拯救者这三种人格面具，我们除了要看到对方常使用的面具，也要注意不要形成刻板印象，从而导致偏见。

1.4 改变

在认识到自己有受害者面具后，我们就会想办法去关爱自己，照顾自己的感受，做自己的拯救者。由于认识到自己在过度压抑受害者面具后会变得拒人于千里之外，无法与人亲近，于是我们会学会表达自己的柔软一面，从而让自己与他人的关系更柔和。

很多时候我们总说自己或身边的人已经无药可救了，永远不会改变。但事实上当我们这么想的时候，其实我们处于受害者状态。如果走出受害者状态，我们就会变得很积极，感觉可以靠自己的力量克服困难，改变自己和他人。往往我们习惯把自己所处的第一种状态称为真相，认为人的本性真的是死性不改；而把第二种状态称为幼稚，认为自己太天真了，竟然认为可以靠自己的力量改变一切。

细想一下，什么是改变？所谓改变如果是希望可以把受害者面具或迫害者面具抹去，那等待着我们的只有绝望。事实上，我们要改变的是我们感受和表达人格面具的方式。当处于受害者状态时，我们知道这只是一时的，而不是唯一的“真相”。所谓“真相”其实是自己最经常使用的人格面具而已。而当我们使用不同的人格面具时，我们对看到的同一现象会产生不同的感受和看法。我们知道这些“真相”来自自己的人格面具，而人格面具是处于不断变化和切换之中的，那么我们对很多事物的看法才会产生根本性的改变。

当我们对自己和社会有了新的认识，我们就可以改变自己，改变他人。

1.5　心智化

本书理论得以实践的前提是我们认识到自己在使用某种人格

面具，而不是我们就是人格面具本身。这个过程，称为心智化（元认知也是类似的概念），即对自身和他人内在动机和心理过程的解释。在此基础上，我们用一套系统的理念去识别、解释、预测和改变。

我们心理的发展都会经历三个阶段。

1.5.1 内部世界等同于外部世界

在婴儿的心灵发展时期，其将周围世界的内容等同于自己的内心状态，从而形成“自我”的概念。对婴儿期至儿童早期的个体悉心照料如此重要的原因便在于此。如果孩子的感受是糟的，那么他的“自我”就是糟糕的。我们喜欢跟小孩子开这样一个玩笑，说：“我要把你的鼻子拿走！”然后孩子就会哭着求你把鼻子还给他。这个玩笑可以重复开，孩子会一直上当。这便是因为他们将外部世界的刺激（语言）等同于自己的状态。

随着年龄的增长，这个玩笑就不起作用了。但是我们每个人或多或少都会残留这种模式。如孩子做错了事，父母告诉孩子：“你是个坏孩子”，于是孩子就会记住了自己是个坏孩子，而不存在一个思辨的过程。因为此时孩子眼里的“自我”，就是父母眼里的样子。很多学生甚至成年人特别在意别人的评价，因为他们会把他人的评价跟自己的内部世界画上等号。

用本书理论解释上述现象，便是某人深信自己是一个受害者，而意识不到自己只是被受害者面具所影响。

1.5.2 内部世界与外部世界脱离

如果一直将内部世界等同于外部世界，这无疑是一个痛苦的过程。渐渐地我们就会开始发展出另一种模式，将内部世界与外部世界脱离，走到极致便成了哲学、宗教思想等，如笛卡尔的“我思故我在”；陆九渊的“宇宙即是吾心，吾心即是宇宙”；王阳明的“心无外物，心外无理”；禅宗六祖慧能的“不是风动，不是幡动，仁者心动”。这些思想放大了内在世界的重要性，增强了内部世界的掌控感，这无疑是对抗这个丰富、复杂且充满未知的现实世界强有力的武器。但过度地突出内在世界的重要性会导致我们忽视外在世界，将外在世界视作内在世界的投射。这会导致我们的注意力变得狭隘，只能接受内在感知到的，而不能接受感知之外的现实世界。此时，我们会明显忽视外在现实，否认内在现实，而活在某一套理论里。

这在他人眼中就容易变成走火入魔、不说人话、脑子已经坏掉了。

1.5.3　心智化模式

心智化是指我们认识到内部世界和外部世界既是相互独立的，又是相互关联的。个体可以通过努力改变对外部世界的感知方式，有两种心智化模式。第一种，我们认识到自己只是选择了受害者面具，而不是成为受害者本身。这会帮助我们形成体验性的自我和观察性的自我，既不是深陷其中无法自拔，也不是与之隔绝没有感受。第二种，我们也能将他人视为一个独立的主体，尊重他人的选择和决定，但我们也可以遵循一些规律，主动地去改变外在世界。

心智化是一个心灵成长的过程，多数心理问题的产生都是因为我们处于第一种或第二种模式的过程中时所表现出来的状态。本书理论为我们的心智化过程提供了一条切实可行的道路。

1.6 超越和创造

当我们处于生活的困境之中，我们通过识别所处的人格面具状态来调节自己的状态；通过识别他人所处的人格面具状态来调节人际关系。我们通过不断实践和思考，让内在的受害者面具、迫害者面具、拯救者面具处于被驾驭状态，将内心的力量凝聚到一起，全身心地去解决问题，发展自我。

我们也需要注意不要拘泥于这三种人格面具，并注意不在生活中刻板地使用它们。我们很多人去会纠结“在此时我应该使用哪个人格面具呢?”“他怎么能对我使用迫害者面具呢?”“她怎么能一直处于受害者状态呢?”这样会产生很多痛苦和抱怨。

生活并不存在绝对的好或不好，我们的目标是不断地超越自我的局限，创造更多的幸福。而这三种人格面具，便是我们的积木（底层逻辑）。我们每个人拥有的材料都是一样的，但是表现出的个性、思维方式、行为模式却又如此多样。让我们发挥自己的潜力，创造属于自己、符合自己审美的生活吧。

2　自我的基本概念

2.1　区分“结构”与“功能”

在本书的前三篇中，笔者从功能上探讨了受害者面具、迫害者面具、拯救者面具分别在失控、压抑、驾驭状态下如何影响我们的情绪、认知和行为。本篇从结构的角度为读者分析我们内在的精神世界是如何组成的。首先，我们来区分一下功能和结构的概念，这可以帮助我们更好地解读自我和他人。

结构=有什么=内容，如我们地球上的气候；

功能=如何运作=过程，如我们每天体验到的雨天、大风天、晴天等。

当我们说某人现在处于某种状态，其实是特指他的某种人格面具能量太强而导致失控，并反过来控制了他。例如，某人处于受害者状态，其实是意指其此时被受害者面具所控制，正体验着强烈的恐惧和无助。这是从功能的角度去讨论受害者面具，而我们要做的是帮助其认识到自己的受害者面具正在发挥功能，并通过一些方法去帮助其受害者面具平静下来，恢复到可控状态。

当我们说某人的某面具特别强的时候，其实是从跨时间的角度去总结其人格面具的整体状态如何。例如，某人的受害者面具特别强，是指总体而言其对受害者状态更敏感，受害者面具特别容易被激发，而不是指某一情境的特殊状态。

我们要去注意的是当我们看到一个人的言行的时候，我们观察到的都是表层功能，而不是深层结构。如果我们没有区分结构和功能这两个概念，多数时候我们就会以为自己看到的是某人的深层人格结构，并因此将其定性而产生偏见。

2.2 “表现”的自我和“真实”的自我

珺珺是一位成长于高知家庭，从小被严格要求的年轻女士，她对生活充满了积极的向往，对自己的家庭有着严格的规划。那么她给人的感觉就会是一个女强人的形象，带有建设性的力量感，并很容易让人产生压迫感，自惭形秽。这种感觉源自她更多地使用拯救者面具（积极）和迫害者面具（对他人和自我非常严格），并压抑了自己的受害者面具（坚强独立）。

但是珺珺对自己的认知却是善解人意、温柔体贴、细腻敏感。由于从小接受了良好而严厉的教育，她被培养成不允许向外界表达自己的受害者面具的人，但是作为女孩子，那些敏感细腻的小情绪是她珍藏的纯真自我。所以珺珺在人际交往中会产生一种错位，她的自我感觉是细腻敏感的，她也有脆弱部分并需要被人看见和保护。但是他人对她的感觉是坚强而有力量的，所以周围人更习惯去找她诉苦，习惯在她面前表达自己的受害者面具。但是鲜有人会关心她是否状态良好，开不开心，需不需要照顾，因为大家看不到，也难以想象到她的受害者面具。

“表现”的自我更多的是基于社会规范和他人的期待，偏向理性。作为一种社会性动物，我们每个人必然受外在人文环境的制约，不得不以社会期待的方式去表现自己。“真实”的自我更多的是基于自己的亲身体验，偏向感性。但是在很多时候，真实的自我在人际关系中往往不被接纳，多数时候我们都倾向于压抑“真实”的自我。

有的人可以在亲密关系中使用“真实”的自我，也有人在亲密关系里选择“表现”的自我，这取决于个体的成长经历和内在价值观。我们在人际关系里很容易产生误解便是因为难以区分他人“表现”的自我和“真实”的自我，或是想当然地以为对方肯定会了解“真实”的自己。维系人际关系的困难便在于此。我们对自己的认识和我们外在的表现其实存在很大的差异，但往往自以为已经很努力地去表达自己了，并且总是觉得只要对方如果用心的话就应该能懂！

2.3　自我的盲点

如果我们跟一个家庭沟通，就会发现伴侣之间、亲子之间，每个人对彼此的认识都是不一样的。例如，在有的家庭里妈妈觉得自己是一个拯救者，把家里的一切都安排得井井有条，及时关心丈夫和孩子的状态；但是在孩子眼里，妈妈更多的时候是一个迫害者，她易怒、脾气大、不容顶嘴、难以沟通；在丈夫眼里，妻子更多的时候是一个受害者，整天抱怨这抱怨那，他完全看不到自己原来深爱的人的影子。

自我的盲点在人际关系里是很常见的。当我们被某种人格面具控制的时候，我们会看不到自己的其他状态。例如，当一位妈妈很想帮助自己处于麻烦中的女儿时，她便会受控于自己的拯救者面具，所以她就看不到自己的迫害者面具和受害者面具。她不会认为自己是在伤害女儿，而是认为在帮助、保护自己的女儿；她也会忘记自己的事情，满脑子都是女儿的麻烦；甚至她也看不到女儿其实更想依靠自身的力量去面对困难。一个人被某种面具控制而觉察不到自己的其他状态，会给其人际关系造成很多麻烦。

但是从另一方面来讲，这种现象也有其存在的特殊意义。

通过把注意力集中在教育孩子身上，家长把自己固化在一个拯救者的位置上。一方面这虽然带来了盲目和过度控制，但另一方面也帮助家长回避了自身存在的问题，忽视了其内在的受害者面具。因此他们就能像超人一样，应对遇到的各种问题，包括外在的现实问题和内在的心理问题。支撑着多数成年人没有崩溃的原因便是他们努力去扮演孩子的拯救者，忽视了自己的情感需要。家长们常说，只要孩子有出息，自己再苦再累也没关系。多年的忽视和累积导致了大量的问题，情绪时不时借着一些小事情爆发。在独生子女时代，家庭教育成了社会上最关注的问题。我们经常说，孩子的问题都是家长的问题，但是这句话之后的故事却鲜有人知道。当我们告诉家长，孩子的问题都是父母的问题，把孩子从患者的角色中“拯救”出来，就会发现往往家长就会掉入患者的角色中，陷入抑郁。

所以当父母们被告知要注意自己的问题，寻找自己生活的意义时，他们瞬间就被自己的问题击垮了。一位单亲妈妈带着 4 年级的女儿来找笔者做心理咨询，她的女儿已经 2 个月没去学校了，情绪反应很极端。当女儿的问题渐渐改善，不需要这位母亲去扮演拯救者角色的时候，她开始审视自己的人生。这时她之前的婚姻问题以及其他人生问题所产生并积累的情绪一下子爆发出来，然后自己就病倒了。之前她就有严重的心理问题，但是通过把注意力集中在家庭教育上，用有问题的教育方式制造了一个“问题儿童”，从而让自己可以一直处在拯救者状态中，巧妙地回避了自己的心理问题，但也形成了恶性循环。当然这个过程是从外在现象的角度去描述的，并不是这位母亲的主观意愿，她当然不希望把自己的孩子变成“问题儿童”。

在生活中，很多人都在回避自己，不愿去面对自己，下班后选择吃喝玩乐，刷刷微信朋友圈，把自己的注意力填满。很多人告诉笔者，一旦手头没事可做闲下来，就会莫名其妙地难受。此外，我们多数人没有跟自己单独相处的能力。人生百年不到，我们能找到很多事情去分散注意力，不去认识自己，而只是快乐就好。但认识自己与自我成长，才能追寻到真正的幸福。

2.4　自我的真与假

随着不断学习和成长，我们会慢慢修改某些“不良”的模式，发展出符合社会期待的模式。我们学会了慢慢隐藏自己的受害者面具，给别人以积极阳光、果断有力的形象；我们学会了压抑迫害者面具，哪怕在自己最不满的时候，也不能随意发怒；我们学会了很多能力，这让我们像一个合格的“社会人”。

但是很多人觉得这只是表面的东西。很多热情开朗的人告诉笔者，他们觉得自己其实非常内向、自卑、孤独。他们在人前一副样子，在独处时是另一幅样子；他们在陌生人面前是一副样子，在熟人面前是另外一幅样子。我们更喜欢将独处时的、或在亲密关系里的自己称为“真实的自己”，而将陌生人面前的，或是在公共场合的样子称为“虚假的自己”。

事实上，二者之间并没有真假之分，只是因为某种自我状态更早地进入了我们的生命，所以我们认为那是“真”的。某些自我状态来得稍微晚些，我们便认为那是“假”的。有的状态比较受我们“喜欢”，有的“状态”我们不喜欢或是出于强迫才表现出来，这都影响着我们去评价“真假”的意愿。

我们要做的是去驾驭内心的力量，根据情境去决定使用某种人格面具，或是不去使用某种人格面具。

2.5 自我认同

所谓正常人与精神病患者之间有时并没有什么本质上的不同，有的只是程度上的不同。但是这大千世界中却没有两个完全相同的人，便是因为我们的自我认同不一样。

弱者把自己认同为一个受害者，整日自怨自艾，痛苦不堪；而强者虽然也具备强大的受害者面具，但是其将自己认同为一个拯救者，因此其强大的受害者面具有助于帮助他们去同情和怜悯他人，而不会让自己陷入痛苦。弱者虽然也有很强的迫害者面具，但是他们却不敢或是不愿主动成为迫害者，只是一味地压抑内心的迫害者面具；而强者敢于主动使用迫害者面具，积极进取，勇于拼搏，捍卫自己的梦想。弱者把别人定义成被拯救者，而强者把自己定义成拯救者。

每个人都具有受害者、迫害者、拯救者面具，但是当我们把自己铆定在特定的人格面具之上时，我们的性格、气质、观点、外在行为表现都会完全不同。一个人可能把自己认同为受害者，也可能会把自己认同为拯救者。自我认同，决定了我们是谁。

2.6　人格污染

“受害者”“迫害者”“拯救者”是三个很简单的词，人们根据字面意思就能联想到它们大致所代表的情绪和状态。但是也有人是没有办法区分它们之间的区别的，他们会将某一种人格的概念定义成另一种人格，这一现象被称为“污染”。

在我国素有“严父慈母”的传统，传统意义上的父亲其实扮演的就是迫害者的角色。但在社会中，还有个别父亲甚至母亲扮演的是一种扭曲的迫害者角色。他们摒弃言传身教、循循善诱、引导启发等科学的教育方式，也不尊重孩子的成长规律，而用责骂、体罚的方式错误地迫使孩子以他们认为“正确”的方式成长。他们的教育方法中充满了恐吓、呵斥、讽刺和冷漠。悲哀的是，他们还希望孩子理解他们的苦心，殊不知这种错误的教育方式才是影响孩子健康成长的真正原因。

很多这种父母将自己的上述表现定义成拯救者行为，但孩子的切身感受却并非如此。在当今社会中，心理问题越来越低龄化的原因便是孩子过早地受到了过多过分严厉的管教，其受害者面具被过度强化了。渐渐地，孩子们也抛弃了对拯救者的幻想，内化了父母的行为表现和定义。

当笔者跟一些孩子一起工作的时候，试图去寻找其内心的拯救者面具，但是找到的往往是迫害者面具。例如，一个初二女生考试失败并陷入了持续的痛苦之中，来找笔者寻求帮助。

笔者：你考试失利了，我感觉你很失落，很伤心。面对这么痛苦的自己，你会对自己说点什么吗？

学生：我会在心里骂自己，哭有什么用！你真是个废物，有本事就考好点！

笔者：每次你表现不好的时候，你就会这样骂自己吗？骂自己的时候，感受如何？

学生：我很难受。

笔者：我觉得对于一个哭泣的小女孩，肯定是需要安慰和鼓励的，之后她的状态才会变好。你为什么不试试去鼓励自己呢？

学生：表现不好就该骂啊！不骂不长记性！我平时有时候还有点偷懒了，这次考成这样，就是应该对自己生气啊！人应该对自己负责呀！

笔者：对自己负责的方式，就是在自己受伤的时候，责备辱骂自己吗？

我们会发现，这位初二的女生内化了父母平时教育她的神态，并将之定义成拯救者。恰恰是她“拯救”自己的方式使自己处于长期的焦虑和痛苦之中，最终演变成心理问题。而现代多数学生的人格都在经历这样潜移默化的污染，变得尖锐而脆弱。

当他们长大之后教育自己的孩子时，也会下意识地沿用这个被迫害者面具污染的拯救者面具，而他们的孩子也会如他们曾经的表现一样，抗拒这样的爱。这个时候他们不会反思自己当下的行为存在问题，反而会反思过去的自己“原来爸爸妈妈那时候这样对我真的是爱啊！只有我自己当了父母，才知道当父母的不容易！”回过头，他们理解了父母的苦心，反过来也会告诉自己的孩子：“孩子，你现在还小，你以后会懂我的！”

这真的是太诡异了，中国父母的爱只有在把孩子养大成人之后才能被“认识”到，而且只能是被理性地“认识”到，而无法被感性地“感受”到。现今社会的很多亲子关系之间充斥着责任、奉献、感恩、尊重、愧疚，唯独缺少亲近。

3 自我状态分析

我们认识了受害者、迫害者、拯救者三种人格面具的三种不同状态所对应的特征，那么我们如何去判断我们当下的状态呢？本章将从行为表现、社交互动、过去经验三个方面来判断和分析自我状态。单一维度的分析会带有一定的偏差，因此需要在三个维度共同分析，才能提高准确性。

3.1 从外在的表现来判断

我们可以通过观察一个人的外在行为表现来分析其内在模式大致是怎样的。每种人格面具都有自己相应的特征，笔者为大家列出了一个表格（表 4–1），大家可以根据这个表格去探索。但是笔者并没有把表格填上，没有给大家所谓标准答案。因为从内在情感状态到外在行为表现是一个非常复杂的过程，我们每个人的表达模式不一样，刻板地按照某些标准去分析反而容易弄巧成拙。

表 4–1 人格面具特征分析

	受害者	拯救者	迫害者
常用语言			
声音特色			
情绪状态			
表情			
身体姿势			

我们可以根据表 4-1，先回忆自己和周围人的行为特点，把看到的相应特征写下来。这个活动可以邀请朋友或者家庭成员一起参与，然后彼此交换看一看，相互交流印证一下，会得到很多新的启发。

3.2　从过去的经验来判断

我们也可以通过回顾过去的经历，来判断自己的三种人格面具的占比。受害者面具与我们经历的痛苦、挫折、委屈以及各种负面事件相关；迫害者面具与我们接触的创伤事件（施暴与被施暴）、规则教育相关；拯救者面具与我们体验到的关爱、包容以及积极应对问题的经历相关。

通过大致划分，我们可以知道成长经历中哪一类经历更多，哪些事件对我们的影响更深远，由此可以判断我们内心中哪种人格面具更常用，占比更大。

3.3　从社交的互动来判断

每一种人格面具并不是独立存在的，而是形成于人际互动，并在人际互动中被激发。例如，在面对 A 的时候，A 表现得很强势，有侵略性（迫害者面具），那么我们的受害者面具就很有可能被激发出来，我们会紧张，有畏惧感，讲话磕磕巴巴、语无伦次，大脑一片空白。因此我们可以在交往中通过观察对方的表现，判断自己的人格面具，并及时改变自己的人格面具，从而使自己在沟通中落落大方、中气十足。

我们也可以通过观察自己的人格面具，判断对方的人格面具。比如我们觉察到自己被激发了受害者面具，那便可以猜想对方是不是在使用迫害者面具呢？经过分析，我们可知虽然对方口气平和、言语公正、面带微笑，但其实他是处于迫害者状态！

通过社交互动来判断自我状态也有一定的弊端，因为多数人由于过去一些创伤经历都会有一个情结，即某种面具失控或被压抑，这会影响判断的准确性。例如，当我们的受害者面具过强时，受一点轻微的刺激就容易失控，从而影响我们的感受，导致我们误会自己在被他人伤害。也有可能是另一种情况，即别人在伤害我们，但是由于我们压抑了受害者面具，觉察不到他人的伤害。因此，需要结合前文所述的方式综合判断。

3.4 练习

图 4–1 中纵轴代表三种人格面具的成分比例，横轴上方表示在日常生活中表现出来的部分，横轴下方表示在日常生活中压抑的部分，上下两部分相加便是一个人所拥有的人格面具。

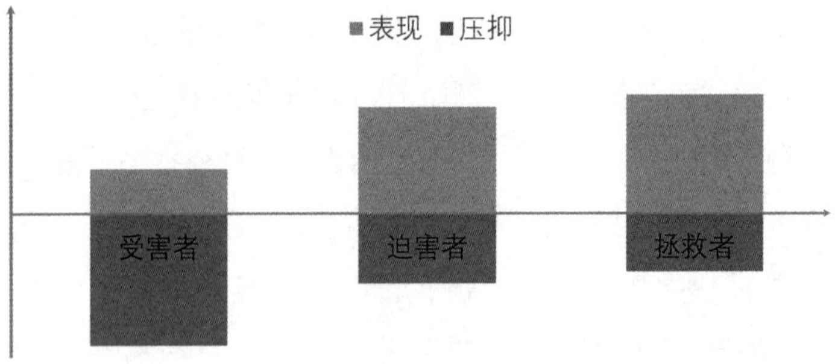

图 4–1 自我状态分析图

自我状态分析的过程如下。

1）在纸上画出一个坐标系，在横坐标上画出代表受害者、迫害者、拯救者的色柱。

2）先从横轴上方的“表现”部分开始画，回顾自己的日常表现，分别画出生活中所占比例最大和最小的人格面具，最后一个人格面具的比例介于两者之间。

3）重复第二步，画出横轴下方的“压抑”部分。

4）在表 4-2 中列出与每种人格面具的色柱对应的生活事件。

5）思考自己是否处于理想中的状态，理想中的状态是怎样的，想如何改变呢？

6）三种人格面具的外显部分和压抑部分加起来的总高度如何？有何发现？

表 4-2　自我状态分析

人格面具状态	对应生活事件
受害者（外显）	
受害者（压抑）	
迫害者（外显）	
迫害者（压抑）	
拯救者（外显）	
拯救者（压抑）	

改变措施如下。

希望哪些部分的比例再多（少）一些，通过增加（减少）哪些行为可以达到理想中的状态。

1）

2）

3）

注：

1）每个色柱的高度不需要量化，能反应一种相互之间的比较关系就好，色柱高还是矮，以自我感觉为主。

2）人的心理表现是具有很强的情境性的，在不同的情境中，每个人的人格面具的表现形式是不同的。例如，我们在家里更愿意表现受害者面具，在单位里会压抑受害者面具。处于管理层的人需要表现出更多的迫害者面具，作为父母需要表现出更多的拯救者面具。图 4-1 只是用于大致的自我状态分析，对具体情境还需具体分析。

3）每种人格面具的表现部分和压抑部分的和（色柱总高度）应该是相等的。一个人的受害者面具有多强，那肯定是由于遇到了一样强度的迫害者面具才能形成，同样其内心对于拯救者面具的渴望也是处于相应的强度。区别只是这些人格面具由于我们社会文化和观念意识的原因，形成了外显和压抑的差异。需要注意的是，很多压抑的内容是存在于意识之外的潜意识，如一个人无缘无故地殷勤赞美，其实可能潜藏着嫉妒和捧杀攻击性。由于这些攻击性不合社会规范和这个人对自己的评价，其完全会否认自己这样的行为背后可能存在的迫害者面具。

因此如果我们画出来的自我状态分析图中三种人格面具的高度不相等，那么我们就需要去思考，有哪些事情或是情绪被极度否认以至于完全没有进入我们的意识层面了。一个良好的建议是找一个相互了解的人，在各自画完自己的人格面具图后相互分享一下，并给对方反馈一些自己平时的观察结果，这样会促进彼此更加了解自我和对方。

4）进行分析时我们可以回顾整个成长历程中的表现，也可以回顾在特定事件中的表现，在回顾不同内容时我们画出来的图会有区别。例如，一个成年男性在亲密关系中他更多地使用拯救者面具和受害者面具，更多地压抑迫害者面具；在职场上他更多地使用拯救者面具和迫害者面具，更多地压抑受害者面具；在与人争执中他更多地使用受害者面具和迫害者面具，更多地压抑拯救者面具。通过对比在不同关系中的自我状态，我们可以加深对自己的了解，并更好地调节自己。

4 人格结构组成

我们每个人的内心中都会有三种人格面具，并由于能量强度存在差异，表现出不一样的状态（图 4–2）。以图中左上方标记为“一”的区域为例，这个区域的人格特征是个体更趋向于使用拯救者面具和受害者面具，压抑迫害者面具。同理区域二、区域三都表示我们更习惯使用某两种人格面具，而压抑另一种人格面具。

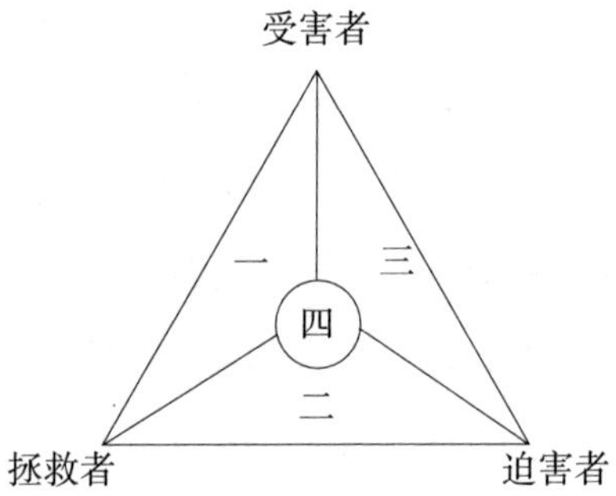

图 4–2 人格面具的状态

4.1 区域一：女性人格（拯救者+受害者）

图 4–2 中区域一所表现类型的典型角色是女人、母亲、老好人等。压抑迫害者面具意味着他们总是会避免给他人造成困扰和痛苦；可以驾驭的拯救者面具和受害者面具让他们更能共情和包容他人。

这类人在生活中多是老好人，他们对他人的受害者面具极为敏感，有很强的共情能力。他们总是可以关注到周围人的伤痛，并给予支持和帮助。但由于缺少迫害者面具的力量，他们容易显得软弱无力，因而在事业上普遍没有太大建树，也无法适应高强度、高压力的工作节奏，其生活重心会更多地落在人际关系上。由于缺少力量，他们难以拒绝他人的无理请求。此外，他们会界限不清，很容易以关心的名义越过界限，入侵他人的生活。被他们压抑的迫害者面具偶尔会失控，主要表现为被动攻击，会有不少抱怨或是嘲讽，且他们会将这些行为解读成“为了你好”。

4.2　区域二：男性人格（拯救者+迫害者）

区域二所表现类型的典型角色是男人、父亲、教师、领导等。他们的受害者面具被压抑意味着他们不近人情，缺乏同情心；他们的迫害者面具强，意味着他们有力量，并给人压迫感和恐惧感；他们的拯救者面具的存在又抑制了迫害者的破坏性，让这份力量以一种积极的方式展现。

整体而言，区域二所对应的状态符合我们这个社会对成熟的定义，即一个足够坚强、积极进取、能管理好自己情绪的人。他们一般都会拥有较强的自我控制能力，比较自律，同时对身边的人要求也较为严格。拥有这样的品质的人在各个领域都可以有立足之地，有能力获取一定的社会资源和社会地位。在拯救者面具的调和之下，迫害者面具的力量让人可以在某一领域不断进取，获得一技之长，让他人心生钦佩。

由于受害者面具一直处于压抑状态，他们很难进入受害者的体验。因此这类人并不容易受伤或被打倒，哪怕失败后也极少抱怨，总是能够孜孜不倦地前进。但缺点是他们也对他人的受害者面具不够敏感，显得不近人情，容易给人造成压迫感。同时也会因为受害者面具被压抑，他们不让别人靠近自己的内心，又总是感觉别人不能理解自己。

4.3 区域三：儿童人格（受害者+迫害者）

由于缺乏使用拯救者面具的能力，区域三所代表的人很难适应生活中产生的负面情绪，很容易被情绪影响，且缺乏自我安抚的能力。他们有很强烈的负面情绪，对整个社会和人性抱着消极的态度。他们满口脏话，是生活中的刀子嘴，将身边的人戳得遍体鳞伤。如果做得不好，他们会嘲讽；如果做得好，他们也会嘲讽。他们也有颗容易受伤的“豆腐心”，别人无意中的一言一行都能伤害到他们，让其痛苦不堪。在网络中他们被称为“喷子”“垃圾人”。我们会发现永远没有办法满足这类人，无法让他们收回自己的迫害者面具，也无法通过委曲求全安抚他们的受害者面具。

之所以将这种受害者+迫害者的人格特质称为儿童人格，是由于这类人在成长过程中没有内化良好的拯救者面具，因而受害者面具与迫害者面具缺乏调节而导致失控。从某种意义上而言，心理障碍便是童年时期人格没有良好发展而导致无法用一种更合适的人格状态来应对现如今社会上的挑战，即心理幼稚。

从原生家庭开始，很多人就一直是受害者，父母的责骂、老师的苛刻、社会的舆论，这些都会给人的成长造成很多痛苦。随着我们慢慢长大，我们也开始成为他人的迫害者，也曾恶意嘲讽他人、伤害他人，自私自利。我们渴望生活中出现一个拯救者，但事实总会让我们坠入更深的绝望。最终，我们在受害者和迫害者的轮回里苦苦挣扎。

如今非常流行一个词叫“巨婴”，特指具有这类心理未成熟的儿童型人格的人。虽然他们的生理年龄早已成年，但是他们的人格水平却与儿童无异。如果这类人是陌生路人，我相信很多人都知道回避。但如果这类人是父母老师，那很多人便无法抗拒那种伤害，甚至会飞蛾扑火般投入那情绪的火焰，只为获得他们遥不可及的认可。

虽然这类人充满负能量，但强大的迫害者面具同样会给他们中的部分人带来力量，并在事业上取得一定的成就。因此也使人形成了一种错觉，成功就是要激发迫害者面具。社会上让人啼笑皆非的“狼性团队建设”“互扇耳光冲业绩”这类靠粗暴的情感伤害来激发人的上进心的行为，就是这种成功错觉造成的。我们会觉得职场很难混，便是因为职场上存在一种潜在的丛林法则——迫害者是成功的基石。这种法则认为个人必须不断地去激发内在的迫害者面具的能量，才能在职场上获得成功。所以总会有一些儿童型人格的所谓过来人，不断在我们耳边告诫“这个社会很残酷，人不为己天诛地灭”。

4.4 区域四：完善状态

完善状态意味着三种人格面具都处于被驾驭的状态，因此整体呈现的比例是平衡的。平时由于成长背景、性别、职业等原因，我们需要在不同场合呈现出不同的人格类型，如一位男性领导人在职场上需要表现出果断有力的男性人格，但是面对下属时也能适当表现出温和包容的女性人格。这种人格的转换是我们有意识地努力而产生的结果，而不是无意识的自动化过程。自动化过程往往是僵化的，具体表现就是一个领导会把自己在公司里的状态带到夫妻关系、亲子关系里，将家庭变成了职场，充斥着控制、算计和利益交换。

完善状态意味着我们可以有意识地根据不同情境切换出更合适的人格面具，转换自己的人格状态。但这并不是我们经常被提及的中庸。很多人理解的中庸是不出头、没有极端情绪。这种理解也不是传统文化里中庸的概念，而仅仅是处于受害者状态而过分小心翼翼不敢表达自我的借口而已。完善状态的人可以根据环境和意志，自由使用女性人格、男性人格、儿童人格，他们在日常生活中是丰富而多面的，而不是一潭波澜不惊的死水。

不同的人格状态有不同极致的体验，男性的刚强有力，女性的温柔包容，孩子的轻灵愉悦。这些本质都在我们的人格中蕴藏，需要我们去挖掘和体验。随着体验的增多，我们就能发展出属于自己的人生智慧，找到内心的平衡安宁。

4.5　小结

书中给出的三种人格类型，更多的是一种个体习惯的条件反射式的外在表现，我们可以在特定场合中判断一个人的状态，但也要知道可能在另一个场合对方会是另外一种状态，同时也要知道对方内心想表达的，跟实际行动想表达的内容可能并不是那么一致。

我们要警惕那些简单粗暴、试图用几句话就帮助我们了解人性的想法，因为人是复杂的，这种复杂意味着人时刻会变化，在不同的情境中表现出不同的人格面具。虽然这种不确定性会让人很没有安全感，但是恰恰是因为人是会变化的，所以我们可以通过更合理的方式，引导出我们期待的状态，让彼此变得更好。

5 常见心理障碍

5.1 心理障碍成因

5.1.1 人格面具的压抑和失控

压抑和失控导致的心理障碍在前文中已经用了大段的篇幅来描述，此处就不再重复，读者们可以根据表 4–3 重新回顾本书前三篇的内容。

表 4–3 人格面具的三种表现

人格面具 基本结构	受害者面具 敏感的我	迫害者面具 愤怒的我	拯救者面具 求生的我
失控	脆弱的我	野蛮的我	焦虑的我
压抑	麻木的我	软弱的我	绝望的我
驾驭	灵动的我	强大的我	慈悲的我

5.1.2 人格面具的冲突

很多时候我们的痛苦并不是来自单独的人格面具，而是来自多个人格面具彼此之间的冲突。例如，当我们跟朋友闹矛盾，我们的内心就会充斥着各种声音。

(1) 受害者面具的声音

我受够他（她）了，我不想再见到他（她）了！

他（她）怎么可以这么说我，他（她）到底有没有把我当朋友！

要不要主动去跟他（她）她和好呢？我很需要他（她）这个

朋友！我不能没有他（她）！

……

⑵ 迫害者面具的声音

这事儿不能就这么算了！一定得跟他（她）再把账算清楚！他（她）已经不止一次这样了！不能再惯了！

每次都要我包容？他（她）把我当朋友了吗？根本没有！

什么玩意儿，她还真把自己当小公主了！矫情的烦人精，我不跟你玩了！

……

⑶ 拯救者面具的声音

大家都不是小孩子了，把事情讲清楚吧，对每个人都好！

她呀就是大小姐脾气，来得快去得快，平时对我也很好！

我没必要做一个斤斤计较的人，大度一点，包容别人是一种美德！

……

随着我们成长过程中接受的观点越来越多，每件事情发生时我们的头脑中都会出现意见不一的声音，彼此争论不休。当这些声音难以协调时，我们不管采取任何外在行为，内心中总会有不同意见冒出来。而且对事情的争论最终会演变成人格面具之间的互相攻击。

⑴ 迫害者面具的攻击

→受害者面具：你真的是个废物，就只会被人欺负。

→拯救者面具：你可真虚伪，能不能真实一点，连心里有气都不敢承认。

⑵ 拯救者面具的攻击

→受害者面具：你不能只会退缩，你要学会勇敢面对！

→迫害者面具：你真的是一个疯子，你这么做谁都会讨厌你的！

⑶ 受害者面具的攻击

→迫害者面具：你别再逼我了，我真的做不到。

→拯救者面具：我真的做不到，我只想躲一躲。

这种人格面具之间的互相冲突和对抗，就是我们常见的自我攻击和自我否定，不管我们怎么选择，结果都不对，都不满意。这种自我攻击也会演变成对外攻击，当他人表现出某种特质时，我们对内的批评就会转变成对他人的批评。最后我们的精力都在自我斗争中消耗，疲惫不堪，而问题也得不到解决。

5.1.3 人格面具的污染

此处要引入两个概念：本能面具和社会化面具。本能面具是指当事情发生时我们被直接激发的人格面具；社会化面具是指我们在社会化过程中压抑本能面具后，而选择的替代的人格面具。先举两个例子让大家来熟悉一下这两个概念。

案例 1：女朋友做了让男朋友误会的事情，男朋友生气了。

一看到男朋友生气，女方就觉得很委屈（本能面具：受害者面具）。她觉得自己不被理解和包容，于是她也开始发脾气，“你到底想怎么样！有完没完了？”男朋友一听就慌了，马上向她讨饶，反过来哄她开心。于是她发现，以后遇到无法解决的事情，发脾气就可以解决了（社会化面具：迫害者面具）。

案例 2：你的同事把自己的责任推到了你身上，你感到很生气（本能面具：迫害者面具），想跟他吵一架评评理。但是你想到在职场上如果跟同事发生矛盾会影响不好，会让人觉得自己情商很低。最终决定要好好跟领导诉诉苦，让领导主持公道（社会化面具：受害者面具）。

一种人格面具既可以是本能面具，也可以是社会化面具，区别只是这个面具到底是你的真实感受，还是经过社会规则影响后做出的选择。而人格面具污染指的就是社会化面具与本能面具之间的差别被模糊，个体错把社会化面具当成本能面具，对自己的认识出现了偏差和扭曲，表现为知情意之间的彼此矛盾。

在案例 1 中，人格面具污染表现为女孩把社会化面具（迫害者面具）等同于本能面具（受害者面具），即女孩认为自己的愤怒其实是在传递自己的委屈，为什么男生的情商这么低就是不明白呢？

在案例 2 中，人格面具污染表现为你把社会化面具（受害者面具）等同于本能面具（迫害者面具），否认了自己的愤怒，外在表现为忍气吞声以大局为主，但是事后面对这个同事不知不觉中说话就变得绵里藏针，让同事处处不舒服。

当我们把本能面具和社会化面具弄混，最终结果便是连自己到底是什么感受，想要什么都不知道了。

5.1.3.1 本能面具：受害者面具

(1) 社会化面具：迫害者面具

我们处于受害者面具时，希望得到对方的关爱。但是很多人觉得表达脆弱和需要是羞耻的，在他们的想象中一旦表露出来肯定会被对方嘲讽。所以为了保护自己内心的脆弱，不被嘲讽和攻击，他们就会摆出迫害者的姿态，张牙舞爪，指责对方。虽然这副姿态同样会令他们不舒服，但是起码使用迫害者面具时让他们感到有力量感，可以维持心底那点可怜的自尊。

虽然表现出迫害者的样子，但由于内在状态还是受害者，所以很多时候这样的人色厉内荏，他们的张牙舞爪只是为了自我保护。

(2) 社会化面具：拯救者面具

我们接受的教育告诉我们，想要别人怎么对待你，你就怎么对待别人。所以我们很多时候为了获取他人的关爱，便先去付出关爱。这在对方眼中便是我们一切安好，不需要特殊关照，对方丝毫想象不到其实我们的内心也那么脆弱。

很多时候我们也想不顾一切地表达出痛苦，索取对方的关爱。但是由于对内心受害者面具的不接纳，我们极难表达自己的柔软和脆弱。虽然压抑着也很痛苦，但是起码表现出拯救者的姿态，会觉得自己是重要的、被需要的，可以维护心底那点可怜的自尊。

同时，由于拯救者面具只是外在表现，内在状态是受害者面具，因而很多时候我们对别人的好总是带着目的性，试图换取对方的好，并急于求成希望马上看到成果。一旦自己对别人的付出没有马上得到回报，便会回归到受害者的状态感到痛苦和失落。

5.1.3.2　本能面具：迫害者面具

⑴ 社会化面具：受害者面具

我们很容易将迫害者面具置于道德的对立面上，毕竟给别人造成痛苦和压力听起来是不对的，会遭到社会的排斥和惩罚。我们从小接受的教育便是做一个正直的人，不要欺负他人。因此我们对自己内心的迫害者面具缺乏理解和接受。因此我们常常处于两个极端：压抑脾气或者脾气失控。由压抑导致的脾气失控造成的结果往往很糟，我们很容易做出让自己后悔的事情。因此大家谈情绪变色，将情绪视为洪水猛兽，不敢将其释放出来。

在冲突中，必然有一方情绪是尖锐的，处于迫害者的状态。对方那副凶神恶煞、仿佛我再多说一个字就会扑上来的样子，真的让人感到害怕。在这样的场景中，我们更容易被激发出受害者面具。如果我们没有做好对抗到底的准备，那么我们就会进入受害者状态。

与此同时，在冲突中表现出受害者的样子也更能帮助我们获得舆论的支持，毕竟人的天性总是同情弱者。直觉告诉我们，如果我们是无害的，不会给别人造成威胁，我们便会被他人接受，得到保护。而童年时的成长经历也告诉我们，当你哭得足够惨时，总会有人出来支持你，给你想要的东西。俗话说“会哭的孩子有奶喝”。使用受害者面具后反而我们会获得安全感，“毕竟我已经这么惨了，你们还忍心指责我吗？你们还不帮我吗？你还不放过我吗？”

但是由于内在状态是迫害者，所以这些人表面上看起来可怜无助，但是他们内心真实的想法却是尖锐的，完全瞧不起他人。他们在学生阶段会认为周围人幼稚、没素质；进入社会后则会更加偏激，认为周围的人素质低下、道德败坏。表面上他们是受害者，被所在群体排斥和欺负了；事实上他们是迫害者，是他们把群体排斥了。

⑵ 社会化面具：拯救者面具

还是那句通俗的老话，如果想让别人怎么对待你，你就怎样对待别人。拯救者一直被社会所鼓励和推崇，凡事他们都积极地去对待，友善地去处理。拯救者面具是被我们使用最多，但也是最易被误解的。

人与人的关系是复杂的，越是长期相处的关系，越是容易爱恨交织，其中迫害者面具的出现并不少见。越是长期相处的关系，我们越希望彼此之间可以和睦，而不愿向对方展露迫害者面具。我们都知道长期压抑某一种人格面具的结果，就是容易失控，并且失控后爆发更严重。

一个典型的群体就是刚刚生完孩子的母亲，由于产后体内激素的变化以及生活规律的变形，很多母亲都存在产后抑郁现象。此时的母亲对于自己刚刚出生的孩子会产生一些无法控制的恨意，毕竟是因为孩子的出生导致了一切的痛苦。如果她们允许这种恨意存在，接受其合理性，并更多关爱自己的感受，那么问题就会过去，就不会发生什么特别糟糕的事情。但是此时如果她们完全无法接受自己会对孩子有这样负面的情绪，在心底将这些念头压抑，同时将外在行为保持在拯救者的状态。这样长期压抑会导致迫害者面具失控，很多产后抑郁的母亲会有想要摔死自己孩子的冲动，这些念头让她们深感恐惧，并愈发压抑。

在这种内外不一致的状况下，产后母亲并不能进入一个好的照顾者的角色。由于初生的婴儿与母亲是处于一种共生状态，婴儿能从母亲那感受到压抑的负面情绪，自己的情绪也将变得烦躁和恐惧。所以孩子一到母亲的手里，就很容易哭。随着时间推移，母亲对孩子的各种负面情绪由于压抑而越积越多，产后抑郁的状况也越来越严重。

如果一个人总是对我们很好，但是我们却总是感觉很别扭或是恐慌，那么在对方的拯救者面具的背后，可能就藏着一个迫害者。

5.1.3.3　本能面具：拯救者面具

⑴　社会化面具：受害者面具

“我受了那么多委屈，都是为了你！”

这句话在我们的家庭教育和亲密关系中经常出现，我们试图去告诉对方“我很爱你，我为你付出很多”。我们希望对方感受到温暖和关爱，但是往往对方的感受却是完全相反的，他们感受到的是压力和痛苦。因为我们更多的是在表达一种抱怨，“我现在处于受害者状态，而根源是你”。

在中国，利他主义一直以来是一种美德，为了他人而牺牲自己是一种伟大的表现。但是这种利他主义带有一丝鱼与熊掌不可兼得的理念，两者之间一定得牺牲一个，而不能兼得。既然总得牺牲一个，那就牺牲自己吧，我们通过扮演受害者的角色来表达拯救者的情怀。这就使得在我们的文化里，一谈起爱都是苦大仇深。

从社会期待的角度来看，把自己放到一个受害者的角色上的确是一个很伟大的行为，但是你周围人的切身感受真的好吗？起码无数孩子被父母的这句话折磨得痛苦不堪，承担着极大的压力和自罪感。把自己活成受害者的女性在为丈夫牺牲一切之后，最多只能换来丈夫的自责和尊重，也不一定能换来丈夫的爱。

作为接收方，其在感受层面接收到的是受害者情绪，在理性层面上接收到的是拯救者情绪。如果其拒绝这种表达方式，那么就会逃离。如果其接受这种表达方式，那么就会用同一种方式来表达自己的爱，即把自己活成一个受害者。彼此互为受害者，然后相互指责，就成了这段关系的最终结果。

⑵ 社会化面具：迫害者面具

“我打你，严管你，是为了你好！”

除了鼓励以受害者面具去表达拯救者，我们也鼓励用迫害者面具来表达拯救者。“严师出高徒，慈母多败儿”。这类经典语句无不暗示着，我们对一个人负责，就要扮演好一个迫害者的角色。

任何经验都是在一定情境中才是有用的。在我们当代社会中，这些理念很明显值得去反思。笔者经常在讲座和沙龙中跟家长们讲：“你的孩子一整个白天已经面对无数严师了，回到家还有两个严师等着他；周一到周五已经从早到晚应付严师了，周末两天还是要应对严师。如今社会上所有人都很焦虑，尤其是教育焦虑非常普遍和严重。一个孩子不仅承担着自己的学业压力，还承担着整个家庭的压力。长期面对迫害者，并处于受害者状态，你的孩子能不崩溃吗?”这就是为什么现如今心理问题和精神疾病越来越低龄化。

当孩子越是需要拯救者的时候，我们越是容易表现出迫害者的姿态，包括我们对自己也会如此。面对你表达爱的方式，他们要么不接纳，逃离你，对抗你；要么接纳，学会用迫害者面具来表达爱。如果孩子接纳了这种表达爱的方式，对孩子现如今的同伴关系、亲子关系、师生关系和他们对自己的态度，会有什么样的影响呢?对孩子未来的亲密关系、亲子教育、职场关系又会有什么样的影响呢?

5.1.3.4 小结

本能面具是我们对当下处境最真实的情感和反应，它往往来得快去得也快，对于我们的生存和幸福感至关重要。回顾我们童年时候，不管是与人争吵时激发出的迫害者面具，还是被老师父母责骂时激发出的受害者面具，这些状态很快就会过去。在那时候，我们的喜怒哀惧总是自然地流转，并不会受到抑制，因而累积的心理能量很快就会释放。同时我们的情绪与外在的刺激完成了信息的交互，自我保护和环境适应在这个交互中找到了平衡。我们之所以觉得我们的童年很幸福，并不是因为童年没有糟糕的事情，而是糟糕的事情所带来的负面感受总是可以自由表达，很快过去，且我们总能找到让自己快乐的事情。

社会化面具是我们在社会化过程习得的对本能面具的替代。由于各种社会教化或是现实打击的存在，我们在各种各样的场合中学会了如何去压抑和扭曲自己的情绪，以更好地适应当时的环境。因为社会传统的稳定，社会化面具往往是长期的、僵化的，不允许变通。一旦变通，往往意味着我们可能会受到社会的打击和纠正。这种僵化导致我们很难去应对新的事件，因为每一件事都是独一无二的，当我们处于旁观者视角时，总会觉得多数人处理事情的方式显得做作、愚蠢、低效率。但是当我们不再是旁观者而是当事人时，又会发现自己并不会比他们好多少。

解决这种僵化问题的社会化面具牺牲了个人的感受和幸福，最终导致我们每个人的言行都很“对”，但我们每个人都不幸福。

如果只是想在处理问题时不犯错误，使用社会化面具其实会极大地简化我们的思考成本和精力；如果想追求发自内心的幸福和愉悦，我们需要看到我们的本能面具，去倾听和满足其需要。

在高度社会化的当代，我们对本能面具的感知越来越少，我们更习惯使用社会化面具，最终导致了人格面具污染。此时，我们不再认识自己，我们不再知道自己需要什么。

5.2　常见心理障碍解析

5.2.1　抑郁症

抑郁症个体受困于内在的受害者面具，一直处于负面情绪之中，没办法区分“我”和“人格面具”之间的差别，将自己等同于受害者。对于这种现象，一方面是因为个体缺乏心智化的能力；另一方面是因为受害者的情绪如此强烈，完全淹没了理性的存在。

如此强烈的受害者面具必然对应着一个强烈的迫害者面具。在抑郁症个体的成长经历中，一些重要的他人会表现出迫害者的姿态，不断强化抑郁症个体对受害者面具的体验。随着时间流逝“受害者-迫害者”的模式被内化，抑郁症个体对自己的受害者面具会产生强烈的攻击性。他们痛恨自己的软弱无能，内化的迫害者对内在的受害者展开无情的攻击。因此我们会看到抑郁症个体总是会非常严厉地对待自己，缺乏温柔和耐心。抑郁症个体的高自杀、自残比例便是因为其对自己极端厌恶和富有攻击性。

强烈的迫害者面具没有办法指向外界和他人，因此个体没有办法捍卫自己的权益以保护自己，而只能寄希望于他人的理解和关怀，一旦他人没有满足他们的期待，他们便痛苦万分。事实上，也没有一个人可以完全满足他人的期待，因为没有一个人可以扮演完美的拯救者。同时内化的迫害者又令其痛苦万分，这一切都加深了抑郁症个体的受害者体验。

抑郁症个体往往在成长过程中缺乏健康的家人扮演拯救者的角色，因此没有办法通过内化形成自己的拯救者。当然，每个人都会慢慢成长，抑郁症个体也不例外。但是他们的拯救者面具成长得极为缓慢和困难，而受害者面具则无限被强化。他们的本能面具会压倒社会化面具，使他们沉浸在痛苦之中，缺乏合理应对环境的能力。

5.2.2 焦虑症

与抑郁症相反，焦虑症个体的受害者面具处于压抑状态。他们对内在的受害者面具有一种强烈的抗拒感，但是却又无法摆脱。如果说抑郁症个体是活在过去的痛苦之中，那么焦虑症个体就是活在将来的痛苦之中。焦虑症个体害怕自己接下来成为受害者，便试图通过各种努力去避免这一状况发生，而导致出现强烈的焦虑。

焦虑症个体都有很强烈的拯救者面具，试图改变当下和未来，为自己创造一个更好的生存环境。他们对受害者的状态如此排斥，以至于受害者面具无法进入他们的意识层面，而被挤压进潜意识里。这是一个用错地方的拯救者，将力量都用于逃避内在的受害者面具，而不是用于包容和接纳它。我们越是逃避受害者面具，越会使得它累积更强的能量，让情绪问题变得更加严重。

焦虑症个体的社会化面具占据了主导地位，他们对本能面具缺乏感知和理解，因此难以关怀自己的真实感受。他们的问题在于他们与内在的受害者失去了联系，因此无法理解，也无法接受自己为何无法控制情绪，导致心烦意乱。他们总想快点解决问题，却没有搞清楚问题出在哪儿。

同时他们也有较强的迫害者面具，这个内化的迫害者面具一方面在攻击他们自己，另一方面也在对外发挥作用，督促他们积极向上，努力进取。

5.2.3 强迫症

强迫症的主要特点是强迫性重复出现某些观念、行为或冲动。强迫症个体明知道这些行为和观念没有必要，却还是难以控制不断展现，因而感觉痛苦万分。

陈威是一个 20 岁的大学生，来自单亲家庭，他的强迫症状是洗手。在他 13 岁的时候，一个同学说你没有爸爸真可怜，这句话让他痛苦万分，于是强迫洗手的症状开始出现，洗手给了他一种幻觉，好像可以通过干净的水流将身上的污点洗去。任何会让他再联想到那一幕的文字、言语、颜色、情境都会使他忍不住想去洗手。

陈威有一个强烈的受害者面具（单亲），在他的成长氛围中，他总是被教育要坚强懂事，所以他会努力把受害者面具压抑，不允许自己处于负面情绪之中。而洗手这一行为可以缓解他的负面情绪，于是洗手成了他的拯救者。所谓强迫行为就像是一种精神成瘾，患者靠它去缓解痛苦。

强迫症被称为心灵的癌症，极难治疗。原因便是强迫症的症状本身对于患者而言其实就是一种最优解。例如，陈威面对挑战时，完全不需要其他任何努力，做出任何改变，就可以靠洗手这一行为把负面情绪处理了，这简直就像是给心灵开了一个捷径。所谓治疗是让强迫症个体抛开这个捷径，像其他正常人一样去体验负面情绪，这对于习惯走捷径的人而言，没有任何吸引力。

强迫症的本质就是一个人在强烈的拯救者面具的驱使下，依赖某种特定的行为和手段去逃避内在的受害者面具。虽然强迫的重复很痛苦，但是比起再去面对受害者面具及其对应的痛苦，两害相权取其轻，还是强迫行为的痛苦让他更能接受一些。

5.2.4 其他心理障碍

关于各种心理障碍的参考资料请读者参阅中华医学会的《CCMD-3 中国精神障碍分类与诊断标准（第三版）》、美国精神医学学会的《精神疾病诊断与统计手册》（DSM-5）、世界卫生组织制定的《国际疾病分类第十一次修订本（ICD-11）中文版》以及其他相关教科书、参考书。

心理学作为一个独立学科存在，距今仅仅 150 年不到，人类的心灵在心理学出现之前便早就在创造出丰富多样的文化，适应着各种生存环境。

所有正常、异常的人类心理活动都包含了受害者、迫害者、拯救者这三种人格面具，每种人格面具又拥有压抑、失控、驾驭这三种状态。我们可以用这个理论去解读人类活动背后的心理活动，探索解决问题的方向，让我们驾驭内心的力量，活出理想中的自我。

6 自我调节的方法

6.1 觉察

首先，我们要认识到当下我们的所思所想其实是基于我们所使用的人格面具，其不是应对问题的唯一方式。这是改变的前提，如果认识不到所思所想只是一个人格面具，而认为这就是全部的自己，那么我们就会被这个人格面具所伴随的情绪和观点牵着走。而我们在使用哪种人格面具，取决于此时此刻我们的情绪和感受。

在本书的前三篇中，我们已经从进化和社会学的角度阐释了情绪的本质，即情绪是我们与外部环境交换信息的载体。我们的社会把情绪分成了消极情绪和积极情绪，并给它贴上了各种标签。积极情绪代表着人格的坚定和成熟，消极情绪代表了人格的脆弱和幼稚。从信息载体到人格品质的标签化，导致我们不再将情绪视为一个信息载体，而是把情绪视为一个社会形象。美化和修饰我们的社会形象是我们的本能，我们的关注点不再是从情绪中获取信息，而是如何去修饰情绪让自己看起来更符合社会期待。

当情绪不再作为信息交换的载体，我们就难以解读外部环境传递过来的信息，我们的主观世界与客观世界就会脱节，心理障碍就产生了。例如，社交恐惧症使个体对人际关系和集体产生了恐惧，不敢去靠近和融入。如果我们对这份恐惧包含的信息去进行解读，那么我们就会找到应对的方式。

如果这份恐惧源自我们觉得自己很糟糕，那么我们就努力让自己变得优秀，与此同时也要学会包容和欣赏自己。

如果这份恐惧源自我们曾经被伤害，那么我们就要去安抚自己的情绪，并且要找到方法，以便在他人再次伤害我们时，保护好自己。

如果这份恐惧源自所在群体对我们的恶意，那么我们就要允许自己远离这个群体，或是告诉自己要学会虚与委蛇地把自己的真实情感藏起来。

如果这份恐惧源自我们跟群体紧张的关系，那么我们就要学会去收敛自己的敌意，包容他人的言行和观点。

……

结合具体的情境去解读恐惧承载的信息，会让我们的恐惧得到缓解，同时安全感得到提升，我们与环境的关系就得到了改善。

但是如果我们把恐惧定义成人格问题“我是脆弱的！我是个废物！”那么我们就会盯着情绪本身而不是情绪承载的信息，指责自己的人格，想尽办法去掩饰自己的恐惧。为了掩饰自己的恐惧，我们就会远离人群，这样就没人看得到我们的恐惧！这份被压抑着无法面对和消化的恐惧，就变成了社交恐惧症。要处理情绪问题，首先我们一定要认识到情绪是我们与环境交换信息的载体，这样才能找到缓解和驾驭情绪的方向。我们不是要解决人格面具，而是要学会如何与人格面具合作，使用它内在的力量。

时刻有一部分自我处于自我觉察的状态，是自我管理的前提。当我们将越来越多的注意力集中到自我觉察上时，我们主观上感受到的情绪的强度就会降低，而理性的功能就会慢慢恢复。我们逐渐从强烈的情绪和极端的思维中抽离，避免情绪和思维的失控。因此当我们发现自己当下的状态与外在的环境或是自己的期待不匹配时，我们就可以切换到另一个更合适的人格面具。

6.2 具象化

人格面具是认知、情感、意志、需要、行为模式的整合，是一个独立的“我”，所有的人格面具组成了我们完整的人格。具象化是指将理性层面的人格面具变成一个画面，一个具体的人的形象，如同我们平时的比喻：“仿佛头脑中有个小天使和小恶魔在吵架”。具象化要做的就是把“小天使”和“小恶魔”的形象具体化。具象化的目的是帮助我们更好地去识别和调节自己的内心世界。

6.2.1 操作步骤

⑴ 准备工作

找一个不受打扰的安静场所，最好光线比较柔和、不刺眼，能让我们有舒适感和安全感。保持一个让我们感觉舒适的姿势，可以是站着、坐着、靠着、躺着，只要这个姿势能舒适到让我们长久保持而不会感受到疲劳和痛苦，因为接下来的工作都将在我们的脑海中开展。

⑵ 深呼吸

闭上眼睛，做几个悠长的腹式深呼吸，将我们的注意力一直集中在呼吸和身体上，放松自己的精神和肌肉。

⑶ 观想

回忆“拯救者面具”的概念，假如这个拯救者面具是一个具体的人，那么这个人会是一个什么样的形象呢？在脑海中去观想这个形象，并丰富这个形象的细节，包括年龄、性别、体型、身体姿势、衣着配饰、表情、情绪状态、内心的想法……

⑷ 体验

在脑海中将自己与这个形象重合，去体验当自己处于这个角色时涌现出来的情绪体验、身体感受、想法观点。在这个过程中我们要注意的是不评价、不批判，仅仅是去体验这些涌现出的内容，并保持一部分客观理性的觉察。

⑸ 重复

重复步骤 ⑵ 到步骤 ⑷ 找到拯救者面具、受害者面具、迫害者面具分别对应的三个形象。

6.2.2　注意事项

1）观想请按照拯救者面具、受害者面具、迫害者面具的顺序开展；因为受害者面具和迫害者面具往往包含着我们平时因为压抑而累积的强烈负面情绪，这些我们平时排斥的负面情绪一旦涌现往往会对个体产生剧烈的冲击。因此，优先观想拯救者面具，这样在观想另外两个面具时，如果出现情绪波动，拯救者面具可以起到一个自我安抚和保护的作用。

2）虽然这三种人格面具是我们内心的一部分，但很多时候我们观想出来的形象的脸庞却不是自己，因为我们平日里对自己的认识往往是片面的，因此观想自己的人格面具时想到的往往是他人的脸庞。在持续观想的过程中，这三个人物形象也会逐渐变化，最终会稳定在某个形象上不再产生变化。最终他们的脸庞变成你自己，这是你彻底认识自己、接纳自己、掌控自己的开始。

6.3 分化

在具象化之后，我们就要把头脑中纷乱嘈杂的声音或是观念分类。它们分别属于哪个人格面具呢？我们可以在纸上画一个简单的表格（表 4-4）帮助我们去分类，我们将每个观点以及对应的情绪状态写到相应的人格面具栏里。

表 4-4　人格面具分类

受害者面具	迫害者面具	拯救者面具
例： 我想逃离（疲倦）； 这不是我的错（委屈）； ……	例： 我想摔东西（愤怒）； 他们太蠢了（鄙视）； ……	例： 我应该包容他们（怜悯）； 船到桥头自然直（乐观）； ……

一般而言，受害者面具对应的情绪是无助和无力，迫害者面具对应的情绪是愤怒和攻击，拯救者面具对应的情绪是包容和积极。在分类完成后，我们的脑海中就剩下三种代表不同人格面具的生动形象了。

6.4 整合：圆桌会议

在将头脑中纷乱的思绪归类到三个人格面具形象之后，我们就将要进行最重要的一个步骤——整合。笔者将这个环节称为圆桌会议，与会人员人人平等，和平解决问题。我们的最终目标就是要让三个人格面具形象得出一个三者都认可的结论，此时我们内心的力量就不会再被内耗，而是整合为一，支持我们的行为。

在多数时候，我们内在的三个人格面具形象往往并不会通力合作，而是像拔河一般努力争夺对我们的控制权，最终使我们心力交瘁一事无成。

我们都会将自身的脆弱和无力感视为问题的根源，认为如果自己再坚强一些，积极一些，那么生活就会很幸福。受害者面具往往因为其敏感性而处于鄙视链的底端，被迫害者面具和拯救者面具一起教训。正常情况下，这种教训是有用的，自我检讨和自我鼓励可以让我们快速打起精神来，把受害者面具压抑回去。但是压抑久了，受害者面具的能量累积到极限，它就会失控。此时不管我们如何努力，它都没有办法收敛起来，我们的痛苦和无力也就会持续出现。压抑受害者面具还会导致我们变得麻木，失去感受幸福和快乐的能力。

我们要做的就是平等地看待受害者面具、迫害者面具、拯救者面具的形象，指引他们互相合作，找到一个三者都认同的平衡点。若想合作，首先彼此之间需要互相认同。本书用四分之三的篇幅去详细介绍每种人格面具的功能和作用，就是希望可以破除读者头脑中的刻板观念，使读者可以客观地看待内在的人格面具以及对应的心理状态，接纳它们的存在。

在接纳和认同的基础上，我们再引导三种人格面具的形象在头脑中展开协商，寻找最合适的应对方法。

6.5 切换

6.5.1 人格面具调节的原则

6.5.1.1 心理过程：压抑还是控制

首先我们要去觉察的是，我们想去调节的某种情绪对应的人格面具是被过度压抑的，还是缺少控制的？面对过度压抑的情绪，我们调节的方式是去帮助它表达和释放；面对缺少控制的情绪，我们去调节的方式是去克制和压抑。对于一个从来不发脾气，迫害者面具被过度压抑的人，他调节愤怒的方式应该是学会多发脾气，掌握发脾气的方式和程度，完成对迫害者面具的驾驭。对于一个经常发脾气，迫害者面具失控的人，他调节愤怒的方式应该是学会压抑和消化，完成对迫害者面具的驾驭。

6.5.1.2 外部环境：问题还是答案

我们现在正在表达的情绪，反映的是正在发生的问题的信息，还是正在解决的问题的信息呢？

同样是悲伤，如果是因为被朋友误会而悲伤，这说明此时问题正在发生，等待我们去解决；如果是因为心爱的宠物死去，这说明此时问题正在解决，我们在为失去它而哀悼。此时我们需要做的就是允许自己悲伤，慢慢等待悲伤结束。

同样是愤怒，如果是因为与他人观念不同，这说明此时问题正在发生，需要我们冷静理性地克制情绪；如果是因为有人侵犯了我们的家庭，愤怒会鼓励我们捍卫自己。此时我们需要做的是更好地利用愤怒去执行保卫行动。

6.5.2　人格面具切换的技巧

当我们通过将注意力集中到觉察性自我而逐渐冷静下来之后，我们就会做出决定并选择使用某种人格面具，以应对当下的情境。我们会感受所要切换的人格面具的特征，将自己与该人格面具的形象结合在一起，进入它应对的状态。尤为重要的是，我们需要同步身体的感受，因为不同的人格面具会带来不同的身体感受。我们的情绪是基于躯体而不是理性，我们先要让身体进入状态才能进行人格面具切换。同时，人格面具也是用身体和情绪去表达并与外界互动。

虽然我们在日常生活中很少接触人格面具的概念，但对于情绪我们再熟悉不过了。可能我们不知道自己有多种人格面具，但是我们一定会知道自己有很多种情绪。在遇到一些重大事情时，我们心里的情绪非常复杂，而且会有很多冲突的想法，不管最后做出任何选择都会觉得不顺心、不满意。其实这个时候是我们内在的人格面具之间在起冲突，内心中好几个“我”在争吵不休。所谓自我调节，就是协调人格面具之间的争吵，让自己内心的意见得到统一。

而情绪作为个体与外在环境信息交换的载体，对我们身体和状态的影响力是非常大的。人们更习惯用理性协调自己，往往导致“道理我都懂，但是最后做不到”。哪怕我们运用理性将状态调整过来了，也是因为情绪首先转换过来了。情绪是人格面具切换和协调的关键，情绪的转换带来自我状态的转换。

人是由情感驱动的生物，理性的存在是为了更好地去为情感服务。我们要判断的是我们做出的选择是基于观察性自我的理性判断，还是由于某种人格面具的失控。这是一个需要终生练习的能力，有的时候我们并不能做得很好。此时，我们需要的是发展性视角，并不聚焦在某件事情的成败得失，而是通过不断经历去完善自己。这就需要我们使用拯救者面具。

6.6 释放和补偿

在自我调节过程中，我们处于驾驭者的状态，是在有意识地使用人格面具，而不是被人格面具控制。因为情境需要，我们强行切换了人格面具，转变了自身的状态。但是这样的转变对其他人格面具是一种压抑，并不意味着原先的情绪就过去了。如果我们不去给被压抑的人格面具释放能量的机会，长期累积的能量会变成一个不定时炸弹，从而导致下次更容易失控。

因此，当我们有空闲的时候，一定要给自己被压抑的人格面具表达和释放能量的机会，为自己的情绪做出一些补偿，才能让我们的心理维持平衡，并为下一次的自我控制和调节做好准备，从而完成一个从恶性循环到良性循环的转变。具体调节过程已经在本书前三篇中详细介绍，此处不再赘述。

7　人格面具的使用

7.1　受害者面具

7.1.1　识别当下的情境

使用受害者面具时，我们的内心柔软、敏感，因此受害者面具更适合在亲密关系里去表达。在职场或是公共场合中表达我们内心的受害者面具并不是一件合适的事情。很多人初入职场后，可能很多时候会把所在部门当成家，把领导当成家长，他们在受到挫折并进入受害者状态后希望得到同事和领导的理解。这么做恰恰容易让周围的人失望，而不是跟他们拉近距离。因为在职场中大家对一个人的期待是可以自己控制自己的情绪，完成任务才是职场的第一要务。

除了注意场合，还要注意对方的状态。当我们需要对方以一个很理想的状态来倾听和理解我们的时候，我们就不能挑一个对方特别忙碌或是疲惫的时候。仓促且不合时宜的沟通只会让结果更糟糕，导致两个人不欢而散。因此，应该挑一个彼此都闲的时间，营造一个温馨的氛围，慢慢地向彼此打开自己柔软的内心，享受亲密关系带来的温暖和幸福。

7.1.2　克服自己内心的恐惧感和羞耻感

我们从小就被要求坚强，家庭教育、学校教育、社会教育都告诉我们脆弱是可耻的，坚强和对自己负责才是成熟的标志。可能曾经我们寻求关爱，但是等来的却是迫害者，此时我们思想状态是这样的：“他们指责我们不应该处于受害者状态，反而这一切都是我们的错”。在这种一暴露受害者面具就受到迫害者攻击的背景下，我们很难去相信别人。

但是我们又发自内心地渴望得到他人的关爱，没办法做到那么成熟，没办法不去依赖任何人。这会使我们形成一种无助感和羞耻感。由于自尊心的关系，我们没办法坦诚表达自己的受害者面具。在被他人拒绝之前，我们已经先拒绝了自己。

克服自己内心的恐惧感和羞耻感，是我们要迈出的第一步。选择信任我们选择的拯救者，让过去的事情都过去，我们会成为更好的自己，迎接更美好的生活。

7.1.3 表达自己的感受

⑴ 表达自己

在有冲突的对话中，我们的注意力都集中在对方身上，我们的语言格式多是“你×××××××”，如“你不够好”“你不爱我”“你做错了”……这就会让对方觉得自己被指责，感到压力。但如果用“我×××××××”的格式，如“我现在状态很糟”，那么就不会让对方感到指责的压力，从而对方不会选择逃离或对抗。

⑵ 表达感受

很多时候我们对于感受不够敏感，交流时总是聚焦于事实和道理层面，这便会很容易产生分歧。因为凡事都可以从不同角度去看待，如果我们过分强调某个角度，只会促使对方采取另一个角度去思考。例如，如果一对夫妻中的妻子说："我觉得你妈妈这样干涉我们的生活是不对的！"那很可能丈夫的回复便是："但是我妈过来也帮了很多忙呀！"然后夫妻二人便陷入争吵，因为他们都觉得对方没有听进去自己在说什么。

表达感受就可以避免这样的争论，因为感受是没有对错之分的。例如，妻子可以说："你妈妈住进来后我觉得压力大了很多，生活很受限制，我觉得好累。"坦诚表达受害者的感受，会更容易激发对方的拯救者面具。

7.1.4　明确自己的期待

很多时候，虽然我们明确地表达出了自己的感受，但是对方可能还是会习惯性地以一种讲道理的态度来回应。例如，丈夫还可以说："我妈住进来的确导致你压力大了不少，但是你要知道我妈来了之后也帮了你很多忙呀，你不能只盯着不好的一面呀。"

这其中产生的一个误差是我们对于自己需要表达的意图不够明确。可能妻子需要的是丈夫可以倾听她的声音，安抚她的情绪，在一瞬间给她一个大大的拥抱，但是丈夫却以为她需要的是把他妈妈赶走，自然而然便会努力去反驳她，引导她去看到好的一面。

讲理性还是讲感性，每个人都有自己的偏好。有一个规律：女人更讲感性，男人更讲理性；能力弱的人更讲感性，能力强的人更讲理性；权力小的人更讲感性，权利大的人更讲理性。

因此，在我们倾诉和表达之前，要先告诉对方应该怎么做。例如，在这个例子里，妻子可以说："亲爱的，我现在的状态非常糟糕，我很希望你可以马上抽时间陪陪我。我不需要你跟我讲道理或是教我如何做更好，安静地听我抱怨就好！”这时，丈夫就知道如何去做，如何去满足妻子的要求，他又何乐而不为呢。

7.2 迫害者面具

当我们处于迫害者状态时，一般是处于应激状态，即感受到了强烈的威胁感，想要反击，内心中充满了愤怒的情绪。

⑴ 用口头语言去表达感受

我们生活中有很多压力是合理的，包括家人之间的误解、事业上的挫折、客户的刁难、子女的不懂事等。面对这些合理的压力，如果我们控制不住自己的愤怒，我们需要做的就是将自己的感受用语言表达出来。

“我现在的状态很糟，希望可以一个人静静”；

“你提的要求很过分，我做不到”；

“你做的事情，我很生气”；

……

将内心的感受化为语言表达出来时，就表明我们正在接受相对应的人格面具，那么我们的情绪就能渐渐平复，而不会发生因为压抑而导致的失控的情况。同时，及时表达出自己的感受，也可以帮助对方理解自己，从而为解决问题提供新的契机。

⑵ 用身体语言去传递感受

也有很多时候，我们承受的压力是不合理的，如同伴之间的欺侮、同行之间的恶性竞争、他人不公平的对待等。这个时候需要我们捍卫自己的权利，保护自己不再继续受伤害。

这种现象尤其在同伴之间最为典型。很多受情绪问题困扰的学生，他们在遇到遭受同学的欺侮或是界限被侵犯的事情时，不懂得使用愤怒来捍卫自己。他们接受的教育告诉他们要用拯救者面具去应对问题，而不能使用迫害者面具。因而这类学生不懂得如何使用愤怒的力量来赢得同伴的尊重，他们的内心状态是"为何我一直退让，他们却得寸进尺；我想好好相处，但是他们却总是欺负我。"

这类学生的委曲求全并没有改善问题，反而使得问题更严重了。不会发脾气的他们，在同学中反而会显得怪异，过度压抑导致的突然失控爆发又使得同学们对其敬而远之。当笔者鼓励他们去变得更有脾气一些的时候，他们却认为发脾气不好，或是认为发脾气很可怕，认为一定会无法收场，并导致关系破裂。

通过非语言信息去传递愤怒，表达出一副奉陪到底的姿势，在冲突中比语言更有用。我们通过眼神、表情、身体姿态去表现内在的迫害者面具，但这并不意味着要付诸行动去打架或去伤害对方。通过愤怒的身体语言去表达震慑力，恰恰可以减少很多不必要的争斗，并赢得他人的尊重。

7.3　拯救者面具

7.3.1　情绪层面

理解和接纳对方的情绪是拯救者面具最好的表达方式。在很多时候，糟糕的沟通是因为我们不接纳对方的情绪。

在孩子犯错时，我们不会去理解和接纳，反而会说："不许哭，做错了事还有理哭了！你这是不服气吗？"

在伴侣生气时，我们不会去理解和接纳，反而会说："你不应该生气，你也要替我想想！"

在自己脆弱时，我们不会去理解和接纳自己，反而会说："你真是个废物，什么都做不好！"

我们应该用一种温和的态度，无条件地接纳和包容彼此情绪，不去拒绝，不去否定，不去逃避，和对方一起面对这些情绪和体验。

7.3.2　认知层面

拯救者在认知层面上表现为主动地去理解对方的立场，其多采取一种换位思考的姿态。换位思考一直是一个老生常谈的话题，但是在人际关系里却极少有人做到。

常见的换位思考："如果我是他，我绝对不会这么做！""如果我是我老公，我一定不会对妻子发脾气的！""如果我是我的孩子，我肯定会好好读书对自己负责！""如果我是我的领导，我肯定不会不听下属的意见！"……但是这样我们就没办法理解对方。

正确的换位思考："如果我也像他这么做了，我是出于什么样的情绪？""我在害怕什么，我在期待什么？"所以，我们应该在接受事实的基础上，感受这样的行为背后隐含着的情绪，在通过交流验证自己的猜想后，表达自己对情绪的接纳；在观点上不去评判对错，而是主动去理解观点背后隐藏的更多信息。

7.3.3　行为层面

最直接、最古老的感受爱的方式就是通过身体来感受，如婴儿降生到这个世界后开始只能通过身体去感受母爱，来缓解内心的焦虑和恐惧，慢慢接纳和承受自己的情绪。所以拥抱、抚摸总是带有神奇的力量让人可以快速平静下来。但是悲哀的是，很多人却不懂得用身体去表达和接受爱意，而是仅仅选择用理性，这就给自己和他人带来了内心中严重的分裂。

根据亲密关系的不同，我们可以选择不同的方式去表达，如拥抱、爱抚、搂肩、牵手，或是仅仅一起散散步、坐在一起喝茶。这些方式带来的支持和抚慰效果远远比理性和言语要好。

当我们试图去表达爱的时候，一定要关注自己的身体语言，因为那才是爱最容易被感受的地方。

8 心理健康的标准：驾驭内心的力量

8.1 自我觉知能力

相信我们都有不少这样的经历，他人的一个眼神、一个姿势、一个动作，瞬间让我们痛苦万分，我们因此就会与之发生矛盾或逃离现场。但事情过去之后我们回过头会想，其实对方并没有带着伤害的意图和针对的意味，完全没必要产生那么大反应。但类似的事情，下次发生在我们身上，可能还是会反应过激。

这便是因为我们缺乏对自己的觉知。作为一个社会人，与他人联系是我们的需要和义务。我们的心灵过多地与外界交融在一起，却对自己越来越陌生。笔者的一个失眠症患者每次都不知道自己为何突然失眠，过了几周后又莫名其妙好了。作为一个基层公职干部，这个患者在绝大多数时间里都被工作占据并与外界纠缠在一起，难得的空余时间也用在聚会、喝酒消遣，从未走入自己的内心世界。

如果我们对自己缺乏觉知，我们就会失控。我们认识不到他人只是一个导火索，真正让我们痛苦的是我们内在的受害者面具被触动并带来相应的情绪和念头。这种痛苦并不是来自他人，而是来自失控的受害者面具。当我们能够觉知当下的情绪和念头是否源于内在人格面具的失控，便是踏上了“驾驭”之旅。

8.2 心理的灵活性

受害者、迫害者、拯救者这三种人格面具有三种状态：压抑、失控、驾驭。但是这三种状态很难量化区分，其更像是一个连续的谱系，从低能量（压抑）到高能量（失控），而中间存在着一个有弹性的空间（驾驭）。进入驾驭状态便意味着我们踏上了心灵成长的路。

由于遗传、成长环境、职业身份、社会文化等因素，每个人对于三种人格面具的舒适度是不一样的。有些人的受害者面具能量偏高，他们更喜欢引起他人的关注，得到他人的理解；有些人的受害者面具能量偏低些，他们表现得更独立自主。同一个人在不同情境中也会有不同的需求，比如在工作中就需要表现出更强的迫害者面具，而在亲密关系里则需要降低迫害者面具的能量。

很多人内心中有严格的心理健康标准，认为不能达到这些标准便是不健康的。这种对自己的不接纳会导致自我分裂，产生虚假的自我，变成双面人。这些人在他人面前表现出自认为“健康”的面具，而内心却处于水深火热之中。他们喜欢评价他人，教育他人，并在不自觉中使用迫害者面具，给他人带来痛苦。并且由于遵循所谓“健康”标准，他们的内心的变通性很差，在不同的情境中总是使用同一种人格面具，显得僵硬而刻板。

心理健康意味着我们的内心状态是灵活的，能够包容和接纳与自己不同的人，同时也能根据不同的情境灵活地调整内在的人格面具。

8.3　心灵的强度

在觉知和灵活的基础上，我们需要关注心灵的强度。一个人生活在象牙塔中，他的心灵一定是敏感、灵活且健康的，这也是很多人渴望的状态，我们都希望回到小时候的状态，让自己的心灵如儿童般纯净。但是这样的心灵也是脆弱的，所谓美好也经不起一丁点的压迫和欺骗。在成长过程中，我们尝尽世间人情冷暖、酸甜苦辣，我们的心灵变得越来越厚，饱含来自生活的智慧。

心灵缺乏强度的人没有一个稳定而强大的自我，会在人际关系里随波逐流。这种随波逐流表现为以下几种类型。

明明很不喜欢，却无法拒绝；

明明他人做错了，却不敢指出；

虽然自己是对的，但是因为不被他人认可，就放弃了自己的立场；

被别人误会，就暴跳如雷或伤心欲绝；

被别人称赞，就飘飘欲仙；

跟人吵架时，头脑一片空白说不出话来；

……

虽然事后我们都知道如何更好地应对，但是我们都是“道理都懂，但是做不到”。在知道跟做到之间，距离不是一点半点。这个世界上多数人都知道道理，但是能“做到”的人却是凤毛麟角。其中的关键因素便是心灵缺乏自己的强度，此时虽然心中有千军万马，但却没有指挥和控制的能力。

强度需要通过体验和实践去获得，看一遍食谱不代表我们已经摄入了营养，看一遍健身教材也不代表我们的身体更强壮了。

8.4　心理的成长性

“驾驭”这个词在本书里用来形容一个过程，而不是形容一种状态。因为在一个事件中我们不可能将方方面面都处理得非常好，控制得滴水不漏。过分地追求控制，反而会导致压抑以及之后的失控，所以我们会发现很多完美主义者都有严重的情绪问题。人最痛苦的事情是发现人永远不能成为完美的人，因为我们总是要面对这样一个事实——我总是不够好！让人最幸福的事情恰恰也是因为不存在所谓完美，所以我们总是可以做得更好，有无限的可能性。

心理健康一定不是一条终点线，努力奔跑跨过去就结束了。当一个人表现出成长的渴望和行动，试图变成更好的自己时，他的心灵便是走在健康的路上。

8.5　浅谈中庸之道

由于驾驭处在一个连续谱系的中间地段，心理成长便是从这个谱系的两端向中间趋进的一个过程。因此很多人也会把心理健康理解为中庸之道，但在细微之处两者却大相径庭。

心灵成长的过程其实是一个不断犯错的过程，每一种人格面具在极高和极低之间跌跌撞撞，最终我们通过体验和反思，驾驭住自己的内心。

我们年少时恋爱，恨不得把自己所有的爱，把天下所有的爱都给对方。当年少的我们经历感情挫折后，表现各不相同，多数人会表现出郁郁寡欢、茶饭不思，个别的则会丧失自信、自暴自弃，更极端的则变得自私偏激或悲观厌世。随着我们越来越成熟，内心趋近平静，我们的爱情观也越来越成熟，我们学会了如何去爱别人，也学会了如何去爱自己。

中庸就是这个最终的结果，但它并不是过程和方法。我们全身心地投入爱恨情愁中，体验每一丝喜怒哀乐，在红尘中磨炼自己的心性，驾驭自己内心的力量。而如果我们将中庸作为方法论，任何事情浅尝辄止，从未真正热爱过、投入过、放肆过，内心中定会留下遗憾和不满。随着时间的流逝，这样的内心会越来越煎熬，甚至扭曲。

只有认真地投入每一天的生活，去全身心地体验，人的心灵才会成长。

9　真善美

9.1　捍卫真：强大的我

当一个人开始发现自己慢慢变成了自己讨厌的人，说着自己不爱听的话，做着自己不爱做的事情，他就开始发现自己慢慢长大了。成年人的世界有太多的身不由己，多数人总是说着“道理我都懂，但是我做不到”。人们为了生存而选择压抑自己的个性，遗忘自己的梦想，放弃自己坚持的真理。生存本能让我们每个人都犯着平庸之恶，不再追求内心中的真理。

真理并不难懂，每个人的内心中都有自己认可的真理。追求真理时首先需要克服的就是我们的求生本能，它会让我们不由自主地服从集体，躲避危险，追寻安逸。因此真理难以实践，我们需要与自身的和集体的平庸之恶对抗。这需要极大的力量，而这份力量就来自我们内在的迫害者面具。我们使用这份力量去保护自己，也用这份力量去抗衡外界的影响，捍卫内心中的那一份真。

9.2　保持善：慈悲的我

善良既是社会伦理对我们的要求，也是我们的本能，每个人都有拯救者面具。人类是社会生物，良好而值得信赖的人际关系是社会生活得以保持和延续的关键。作为哺乳动物，我们对自己的子女都会有强烈的照顾本能，这份情感也会扩散到其他人身上，表现出对他人的关爱和怜悯。

因此善良可以说是人的天性，人之初，性本善。性相近，习相远，在人类社会里，善良又成了一种道德层面的规训和要求，被施加了越来越多的理性和束缚，离我们的本能越来越远。我们学会了用各种各样的模式去表达拯救者面具，最终反而不知道如何去单纯地表达爱和善良。极端的民族主义者以爱自己民族的名义对其他族裔的歧视与迫害；父母老师以爱孩子的名义对孩子进行打骂批评。我们用理性建构善良，却失去了用情感去体验善良的能力，这样的善良最终变得面目全非。

善良本质上是我们的拯救者面具被他人的受害者面具所激发而表现出来的发自内心的怜悯和慈悲。我们想保持善良，需要做的就是摆脱“习相远”导致的外在表现和手段，回归“性本善”的本能，与内在的拯救者面具产生连接。

9.3 感受美：灵动的我

美首先是一种主观感受，通过我们的感官来接收。滑过脚踝的溪水、五颜六色的花朵、空气中弥漫的芬芳、洒在皮肤上的阳光、窗外传来的鸟鸣、通过味蕾传递来的美味，这些感官的愉悦给我们带来了美的感受。

美也是一种人类的共鸣，一个字、一幅画、一座雕塑、一首歌、各种各样的文化仪式……都会带来美的感受，除了感官刺激带来的情绪共鸣，其中包含的丰富的细节就需要我们用智慧去挖掘，看到其中的喜怒哀乐和千言万语。

体验这些美的事物需要我们保持心灵的敏感性，即需要灵动的受害者面具。在成长过程中，我们为了快速适应环境变得坚强，总是粗暴地去压抑和隔离内在的受害者面具。的确，这会帮助我们快速摆脱低迷的状态并恢复自己“做事”的能力，但是我们付出了巨大的代价——我们变得麻木。变得麻木在成年人的世界里太常见了，我们的敏感性被压抑了，失去了感受美和爱的能力，再也感受不到发自内心的幸福愉悦。我们的注意力更多的被头脑中的思维和观念所占据，思考一个又一个等待着去解决的问题，思考活着的意义和人生的价值。我们成了一台解决问题的机器，而不再是一个活生生的人。

现在的社会推崇活在当下的生活理念，所谓活在当下，就是要重新寻回自己的敏感性，把注意力放到自己的感官，去尽可能完整地接收环境中的信息。只当我们的感官因为恢复敏感性而被激活，我们才能真正感受到发自内心的快乐。这份基于敏感性被激活而产的满足和愉悦，就是美的根源。

后记

我喜欢观察生活中的细节，寻找事物的变化规律，而人类精神世界中的内在规律最让我着迷。我喜欢一切与人文相关的事物，去各地旅游时第一个去的地方总是当地的博物馆。作为一个心理咨询师，除了专业书籍之外，我广泛阅读了与历史、哲学、宗教、人类学、社会学、经济学相关的各种书籍，这些书籍揭示了大量人类社会和心灵运转的规律。相较于使用心理学技术技巧去治疗一个人，我更倾向于去读懂一个人。只有知道我是谁，我从哪里来，才知道我要到哪里去。从业至今，在家人的眼中，我是一个不务正业的人，我不考编制，也从不在一个地方久留。

我曾做过小学、初中、高中、职高、国际学校的心理教师，接触过不同年龄段的孩子和他们处于不同社会阶层的家庭，倾听过他们的心声。当所谓问题儿童被倾听、理解和尊重时，他们真的会变得像天使一样可爱。

我曾去儿童福利院给那些被遗弃的孤残儿童提供心理咨询，发现他们衣食无忧，生活水平比我小时候高多了，经常有公益组织和志愿者前去探望，赠送礼物，陪伴玩耍，教授才艺。虽然被遗弃的创伤和身体的残疾难以被社会的爱填补，但创伤中也会开出美丽的花朵，也有孩子变得比常人更优秀。

我曾和一位前辈一起建立了一个社工机构，开展了多项民政局的公益创投项目。那时我才发现，有那么多社会弱势群体缺乏发声的渠道和合理的帮助，他们默默承受着生活的艰辛。

我曾参与本地党校的心理中心建设，了解领导干部们的工作压力。我才知道大家想象中轻松的“铁饭碗”公务员，面临着多么大的精神压力和工作强度。

我曾到看守所、拘留所、戒毒所开展心理咨询服务、团体辅导、专题讲座，了解那里特殊群体的生活和精神状态。当看到一个犯罪嫌疑人在经过心理咨询后，可以平静地面对自己将要受到的法律制裁时，我被真诚、倾听和共情的力量所震撼。当听到那些戒毒学员的生活琐事，我发现在他们的言行背后，只是一个又一个苦难的灵魂。

我也曾在精神专科医院担任临床心理治疗师，为各种精神科住院患者提供心理治疗。其实精神病患者本质上与常人并没有什么区别，只是他们的情绪反应会更强烈，更难以控制。在每个患者背后，都有一本难念的家庭经，家庭治疗成了我在病区经常采用的方法。当一个家庭改变，所谓“病”也就开始改变了。

我抱着好奇心，走过一个又一个地方，见过一个又一个人，听过一个又一个故事，大量的经验和理论知识将我填满。我突然有了一个冲动，将头脑中的东西整理成一个系统，于是就有了这本书。从 2018 年到 2021 年的 3 年时间，我将这本书陆陆续续改了 4 个版本，终于准备出版。

基于人格面具理论技术，我建立了一个属于自己的心理学模型，希望读者尤其是业内专家多多指教。读者可通过关注本书同名微信公众号" 驾驭内心的力量" 给笔者留言。

这本书是送给自己的礼物，也是送给这一路上陪伴、支持、引领我的人的礼物，感谢你们！也将这本书送给亲爱的你！祝身体安康，自在吉祥！

刘建辉

2021 年 2 月 5 日